MARS

PERSEVERANCE

-

PRÍBEH VYTRVALOSTI

Dr. Jozef Kozár

MARS PERSEVERANCE – Príbeh vytrvalosti

Jozef Kozár

Self-Published. LULU, USA 2021

https://www.jozefkozar.com

Prvé vydanie.

ISBN 978-1-6780-7909-3

Obsah

Slovo autora

Túto publikáciu som začal postupne písať ešte v roku 2016, v čase môjho pôsobenia v Košiciach na Slovensku. Časom ma však život zavial do zahraničia, kde žijem a pôsobím dodnes. Hlavným poslaním tejto publikácie je poskytnúť čitateľovi informácie o planéte Mars a o jeho technologickom skúmaní pomocou kozmických sond z pohľadu človeka pôsobiaceho v tomto odvetví. Jednotlivé sekcie nezachádzajú do prílišných detailov, pretože som sa snažil priblížiť fakty v zrozumiteľnej podobe. Niektoré časti textu som zverejnil v mojom blogu, avšak v tejto publikácii sú doplnené o mnohé ďalšie podrobnosti a najmä materiály z NASA. Ďakujem čitateľovi za záujem a prajem príjemné zahĺbenie sa do problematiky.

Planéta stratená vo vesmíre

Na otázku položenú v nadpise nie je asi až také jednoduché odpovedať priamo. Áno, mohlo by sa zdať, že odpoveďou bude asi niečo v zmysle "aha veď tu", alebo niečo ako "aha veď tam". Musíme si uvedomiť fakt, vzhľadom k čomu budeme popisovať polohu Marsu a planéty Zem. My si však ukážeme názornejší príklad, pozrieme sa na tieto dve planéty z hlbín vesmíru.

Na obrázku[1] vyššie je znázornená určitá časť vesmíru, tak ako ho zachytil Hubblov vesmírny ďalekohľad (Hubble Space Telescope) prevádzkovaný americkým Úradom pre letectvo a vesmír - NASA a Európskou vesmírnou agentúrou - ESA. Táto snímka nazvaná XDF[2] znázorňuje viac ako 10 000 galaxií. Mnohé z nich sú špirálovité, podobné tej našej galaxii – Mliečnej dráhe. Pre predstavu, asi aké veľké je pole odfotené na predchádzajúcom obrázku, si ukážeme jeho prirovnanie k veľkosti nášho Mesiaca v splne.

---

[1] NASA; ESA; G. Illingworth, D. Magee, and P. Oesch, University of California, Santa Cruz; R. Bouwens, Leiden University; and the HUDF09 Team
[2] XDF – predklad z anglického „Extreme Deep Field" – extrémne hlboké pole, pozn. autor

Pole je na obrázku[3] znázornené ako štvorec XDF. Takto získame predstavu, aký je vesmír veľký a možno to pomôže taktiež uvedomiť si vzdialenosti v ňom. Hovoríme však o vzdialenostiach naozaj extrémnych, ktoré sú samozrejme v planetárnom výskume a v rámci medziplanetárnych kozmických misií iné – dalo by sa povedať že „menšie", ale aj tak pôjde o vzdialenosti príliš veľké pre zjednodušenú predstavu. Veď pekne po poriadku.

Mliečna dráha

Ukázali sme si ako vyzerá „kúsok" vesmíru. Áno, naozaj len kúsok. V našich technologických možnostiach zatiaľ nedisponujeme kapacitami, ktoré by nám umožnili vidieť všetko vo vesmíre. Nekonečné vzdialenosti, exotické "ostrovy", kde sa pravdepodobne môže nachádzať podobný svet, aký poznáme z nášho planetárneho okolia. Na obrázku z Hubblovho vesmírneho ďalekohľadu na predošlej strane sme videli viacero roztrúsených galaxií. Spomenuli sme si, že aj tá naša galaxia Mliečna dráha, je špirálová. Na uvedenj snímke sa práve takýchto galaxií nachádza veľké množstvo. Zamerajme sa teda na jednu z nich, konkrétne na tú našu.

---

[3] Moon to scale – preklad z angličtiny – Mesiac pre porovnanie, pozn. autor

Obrázok vyššie[4] znázorňuje, asi ako naša galaxia vyzerá z pohľadu, ktorý ľudstvo v súčasnosti nemôže dosiahnuť našimi technológiami. Preto je na obrázku znázornená simulácia, resp. animácia našej galaxie. Zelená šípka ukazuje miesto, kde sa približne nachádza naša Slnečná sústava. Áno, toto ešte ani zďaleka nie je "to" miesto, kde je naša Zem a Mars.

---

[4] NASA/Adler/U. Chicago/Wesleyan/JPL-Caltech

Na obrázku[5] vyššie šípka ukazuje miesto, kde sa približne naša Slnečná sústava v galaxii Mliečna dráha nachádza.

Slnečná sústava

Výborne, sme čoraz bližšie k nášmu domovu. Malá zelená bodka na predchádzajúcej strane znázorňuje celú našu Slnečnú sústavu. Dokonca by sa dalo polemizovať, či táto

---

[5] Pôvodný obrázok: NASA/Adler/U. Chicago/Wesleyan/JPL-Caltech; Editoval: Jozef Kozár

bodka nie je príliš veľká. Vyznačená bodka je vzhľadom na veľkosť galaxie až príliš veľká, naša Slnečná sústava by sa do tejto bodky vošla možno niekoľkokrát. Pre ilustráciu však samozrejme postačí.

Čo táto malá bodka obsahuje? Naša Slnečná sústava je tvorená samotným Slnkom, ktoré celej sústave dominuje a nachádza sa v jej strede. Okolo Slnka obiehajú jednotlivé planéty, ktoré poznáme - Merkúr, Venuša, Zem, Mars, Jupiter, Saturn, Urán a Neptún. Nachádzajú sa tu však aj planétky, asteroidy, medziplanetárna hmota a rôzny iný materiál, ktorý je pozostatkom ešte od vzniku nášho malého kúta sveta - našej Slnečnej sústavy.

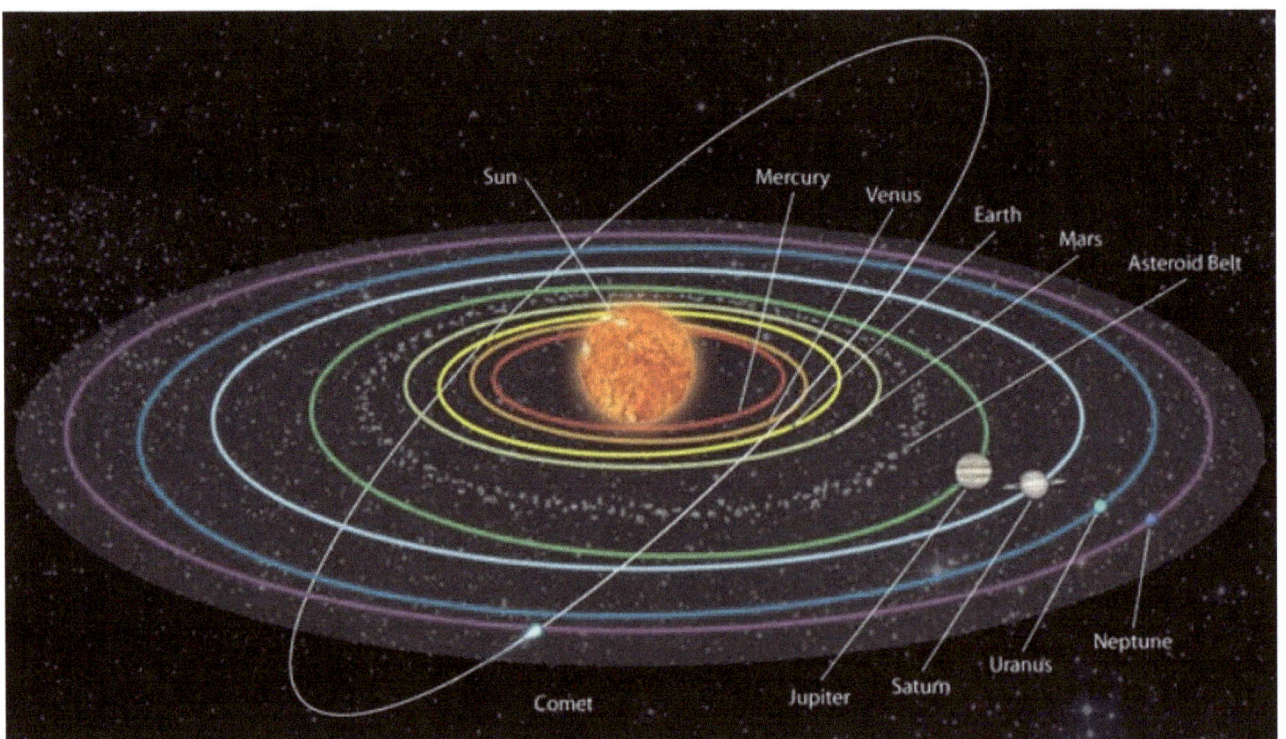

Na predchádzajúcom obrázku je naša Slnečná sústava. Jednotlivé farebné elipsy znázorňujú obežné dráhy jednotlivých planét. Slnečná sústava samozrejme nie je takáto "malá". Vzdialenosti planét navzájom od seba a od Slnka sú obrovské. Taktiež veľkosti jednotlivých planét sú rozdielne. Veľkosť planét sa dá ľahko porovnať pomocou nasledujúceho obrázka[6].

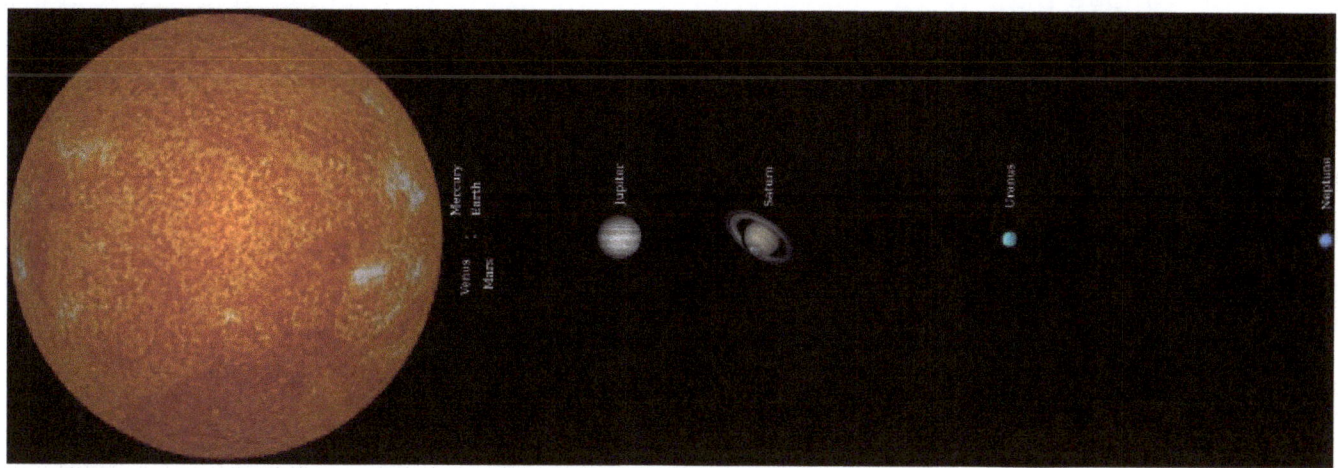

Najznámejšími objektmi existujúcimi ešte od vzniku Slnečnej sústavy sú kométy, ktoré sú tvorené ľadom a prachom. Jedna z teórií hovorí, že to boli práve kométy, ktoré na Zem priniesli vodu. Na tomto mieste je asi vhodné spomenúť jednu z misií Európskej vesmírnej agentúry (ESA). Ide o misiu sondy Rosetta, ktorá v skúmala kométu 67/P Čurjumov-Gerasimenko. Pristávací modul tejto sodny - Philae, v novembri 2014 pristál na povrchu tejto kométy. Mimochodom sonda Rosetta počas svojej niekoľko rokov trvajúcej ceste ku kométe 67/P minula aj planétu Mars. Bolo to za účelom využitia manévru tzv. "gravitačného praku", pri ktorom sa rýchlosť pohybu sondy Rosetta zvýšila a boli tým ušetrené potrebné zdroje energie. Obrázok vyššie znázorňuje porovnanie veľkosti hlavných teliest Slnečnej sústavy - Slnka a jednotlivých planét. Zobrazené vzdialenosti samozrejme nezodpovedajú skutočnosti. Reálne vzdialenosti medzi planétami a Slnkom sú obrovské.

---

[6] Biocircuits Institute

Planéty Mars a Zem

Keď už vieme kde sa nachádza Zem a Mars, môžme si tieto dve planéty navzájom porovnať. Obidve planéty sú takzvané terestriálne planéty, čo znamená, že obe majú tvrdný, skalnatý základ a povrch. Povrch terestriálnych planét samozrejme prešiel dlhodobým vývojom a aj zvetrávaním, čiže povrch je pokrytý ešte zvetranou vrstvou horniny. Na Zemi túto "hmotu" nazývame aj pôda. Na Marse je to taktiež pôda, avšak odborný názov tejto pôdy je regolit.

Pomocou obrázka[7] vyššie si môžme porovnať veľkosť planéty Mars, Zem a Mesiaca (Luny). Planéta Mars sa nachádza v strede. Už na prvý pohľad je zrejmé, že bude tvoriť približne polovicu veľkosti Zeme. Celkový povrch na Marse má však rozlohu

---

[7] NASA/JPL-Caltech

porovnateľnú s rozlohou všetkej súše na Zemi. Na Marse je aj vzhľadom k jeho veľkosti len tretinová gravitácia oproti gravitácii, ktorá na nás pôsobí na povrchu Zeme. Táto hodnota je len 0,376 g. Planéta Mars má len 11% hmotnosti Zeme a doba jej obehu okolo Slnka činí presne 686,971 dní. Jeden deň na Marse sa nazýva Sol. Po prepočítaní tejto doby na marťanské dni, je to 686,5991 Sol.

Aká je vzdialenosť Marsu od Zeme?

Fixná vzdialenosť medzi oboma planétami v podstate neexistuje. Obe planéty, tak ako Mars, tak aj Zem, sa totiž pohybujú na orbite okolo Slnka. Obe orbity sú pritom eliptické, pričom orbita Zeme je viac kruhová, ako orbita Marsu. Vzájomná poloha medzi Marsom a Zemou sa teda pravidelne skracuje a zväčšuje a to v určitých intervaloch. Spravidla platí, že najvhodnejšia poloha pre štart misie zo Zeme smerom k Marsu, je približne každé dva pozemské roky.

Približné hodnoty vzdialeností medzi Marsom a Zemou:

- Najkratšia: 54 600 000 km
- Stredná: 225 000 000 km
- Najväčšia: 401 000 000 km

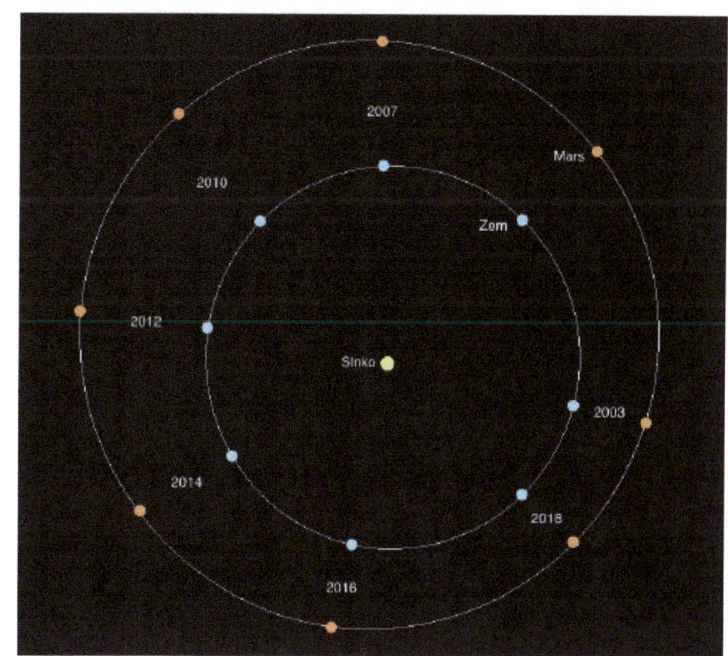

Na obrázku[8] vpravo sú znázornené obežné dráhy oboch planét okolo Slnka. Obe planéty obiehajú Slnko v smere hodinových ručičiek. Na obrázku sú zapísané polohy v rokoch 2003-2018.

Nemenej zaujímavým je napríklad snímok nižšie, vyhotovený sondou MSL Curiosity. Na uvedenom snímku[9] je vidno planétu Zem z povrchu Marsu práve tak, ako ju videla sonda Curiosity.

Popis k obrázku: Preklad anglických názvov – „Earth" = Zem, „moon" = Mesiac Zeme (Luna).

---

8 Orbity planét okolo Slnka - Dr. Jozef Kozár
9 NASA/JPL-Caltech

Poďme sa pozrieť na niektoré planetárne charakteristiky Marsu a skúsme ich prípadne porovnať s pozemskými. V prípade medziplanetárnych misií je práve táto časť planetárnej vedy priamo aplikovaná na navrhované kozmické technológie.

Atmosféra Marsu

Všetky planéty Slnečnej sústavy majú určitú vrstvu svojej vlastnej atmosféry. Atmosférou by sme mohli nazvať plynný "obal" v okolí samotného telesa planéty. Terestriálne planéty, medzi ktoré patrí aj Mars, majú pevný povrch. Svet na týchto planétach je odlišný na každej z nich, niekde vládnu naozaj drsné podmienky, na niektorých planétach sú tieto podmienky tak trochu "znesiteľnejšie". Samozrejme z pohľadu kozmických sond, nakoľko pre živočíchy zo Zeme sú podmienky vhodné len u nás doma, na našej planéte. Pozrime sa na planétu Mars a porovnajme ju so Zemou. Na prvý pohľad je krajina na Marse veľmi podobná tej našej na Zemi. Mnoho lokalít na Zemi je na prvý pohľad s Marsom takmer totožných. Samozrejme len na prvý pohľad. Podmienky sú na Marse úplne iné, ako na Zemi. Tlak vzduchu je v prípade Marsu stonásobne nižší, oproti pozemskému. Podobné je to s dýchateľnosťo vzduchu na Marse. Nachádza sa tam len zlomok kyslíka, potrebného pre život.

Mars	Zem
95,32 % – oxid uhličitý	78,084 % – dusík
2,7 % – dusík	20,946 % – kyslík
1,6 % – argón	0,9340 % – argón
0,13 % – kyslík	0,0397 % – oxid uhličitý
0,07 % – oxid uhoľnatý	+neón, hélium, metán
0,03 % – vodné pary +neón, kryptón, xenón	
Tlak: 600 Pa	
(~ 1 % ako v atmosfére Zeme)	

Vyššie sú uvedené približné hodnoty zastúpenia atmosférických plynov v atmosfére Marsu (vľavo) a v atmosfére Zeme (vpravo). Ako z tabuľky jasne vidieť, kyslíka je v atmosfére Marsu málo v porovnaní so Zemou. Samotná atmosféra je na Marse taktiež riedka, čo súvisí s atmosférickým tlakom na tejto planéte.

Počasie a ročné obdobia

Zaujímavosťou je na Marse počasie a striedanie ročných období. Ročné obdobia sú na Marse rovnaké, ako na Zemi. Samozrejme však rozloženie a výskyt týchto ročných období závisí od marsovskej šírky. Najviditeľnejšie rozdiely v období počas roka sú v stredných šírkach - v porovnaní s planétou Zem by sme tieto šírky mohli nazvať miernym pásmom.

V závislosti na polohe na planéte je možné v určitých ročných obdobiach dokonca pozorovať zrážky v podobe padajúceho zamrznutého oxidu uhličitého. Dalo by sa to nazvať snežením, ktoré však v skutočnosti nie je takým snežením, ako ho poznáme na Zemi.

Pozrime sa však na zaujímavosti ohľadne počasia na Marse. Planéta Mars obieha okolo Slnka na eliptickej orbite a rovnako taktiež rotuje okolo svojej vlastnej osi, ako aj planéta Zem. Z tohto dôvodu dochádza k zohrievaniu určitých oblastí na planéte a k ochladzovaniu ostatných oblastí - najmä tých, ktoré nie sú priamo vystavené slnečnému žiareniu. Pri rozdielnom rozložení teplôt dochádza k zmenám tlaku v jednotlivých lokalitách. Toto má za následok prúdenie vzduchu z lokalít s vyšším tlakom, do lokalít, kde je tlak vzduchu nižší. Samozrejme na procesy vzniku prúdenia vzduchu majú vplyv aj iné faktory, čiže môže dôjsť aj k obrátenej situácii, kde vzduch prúdi opačne.

Zaujímavosťou sú na Marse malé "minitornáda". Nazývame ich aj "prachoví diabli" (z anglického pomenovania „dust devils", pozn. autor). Ide v podstate o vzdušný vír, ktorý sa v rovnakej obdobe vyskytuje aj na Zemi. Môžu dosahovať výšku niekoľkých metrov. Jedno takéto minitornádo je zachytené aj na nasledujúcom snímku, kotrý zachytila orbitálna sonda NASA Mars Reconnaissance Orbiter s pomocou kamery s vysokým rozlíšením.

Obrázok vyššie: tzv. „dust devil", resp. „prachový diabol" – vzdušný vír na Marse. [10]

Je dôležité upozorniť na fakt, že vietor (prúdenie vzduchu) na Marse v žiadnom prípade nemôže mať intenzitu a silu porovnateľnú s vetrom na Zemi. Na Marse je iná hustota vzduchu a oveľa nižší tlak, preto vietor na Marse nemôže mať charakter taký, ako ho napríklad zobrazujú rôzne filmy a vedecko-fantastické príbehy zo žánru sci-fi.

---

[10] NASA/JPL-Caltech

Obrázok vyššie: sonda NASA MER Opportunity.[11]

---

[11] NASA/JPL-Caltech. Vysvetlenie názvu: MER – Mars Exploration Rover (preklad z angl. „Marsovský prieskumný rover")

Vzdušné prúdenie na Marse je však schopné premiestňovať drobné zrnká regolitu (pôdy na Marse). Preto je napríklad využívané aj v misiách povrchových sond (pohyblivých) v prípade, že ich solárne panely sú časom zanesené prachom a nedokážu generovať potrebný výkon v podobe elektrickej energie. Z tohto dôvodu týmto sondám zvykne byť vyslaný povel na umiestnenie na blízkom svahu, najmä v prípade pravdepodobnosti zvýšeného prúdenia vzduchu v danej lokalite. V tomto prípade dokáže napríklad vietor na Marse „očistiť" solárne panely od určitej vrstvy naneseného prachu. Niekedy to však stačiť nemusí, napríklad v prípade sondy NASA MER Opportunity, ktorá v podstate „neprežila" globálnu prachovú búrku v roku 2018. Posledný kontakt so sondou bol 10.06.2018 a jej misia bola oficiálne vyhlásená za ukončenú 13.02.2019.

Prachové búrky

Mars by sme mohli definovať ako suchú planétu. Je to samozrejme len zjednodušený pohľad, pretože táto planéta samozrejme suchá nie je. Nevyskytujú sa tu však oceány, moria a žiadne iné veľké povrchové vodné plochy. Prúdiaci vzduch je preto suchý a samotné zvetrávanie povrchových hornín umožňuje oveľa vyššiu koncentráciu prachových častíc. Napriek tomu, že atmosféra tejto planéty je riedka a atmosférický tlak je veľmi nízky (v porovnaní so Zemou), vietor vznikajúci v niektorých oblastiach môže spôsobiť prachovú búrku. Tieto prachové búrky sú v podstate porovnateľné s tými, ktoré poznáme na Zemi a to najmä v púštnych oblastiach.

Prachové búrky na Marse majú často lokálny charakter, avšak v určitej pravidelnosti prerastajú do globálneho rozmeru - pokrývajú celú planétu. Doterajší výskum dokázal zmapovať určitú periodicitu týchto globálnych prachových búrok, avšak v súčasnosti ešte stále prebieha štúdium a výskum hlavných faktorov tejto periodicity. Hubbleov vesmírky teleskop (HST - Hubble Space Telescope) prevádzkovaný Americkým úradom pre letectvo a vesmír (NASA) a Európskou vesmírnou agentúrou (ESA) zaznamenal dva rôzne snímky. Prvý zachytáva planétu Mars v júni 2001, kde je zobrazený Mars bez globálnej prachovej búrky. Druhá snímka však zachytáva Mars počas výskytu globálnej prachovej búrky v septembri 2001. Tento rozdiel je dobre viditeľný na uvedených snímkach nižšie.

Obrázok vyššie – príklad globálnej prachovej búrky na Marse v roku 2001.[12]

---

[12] NASA, J. Bell (Cornell), M. Wolff (SSI), Hubble Heritage Team (STScl/AURA)

Oblačnosť

Hoci atmosféra Marsu nie je ani zďaleka tak výškovo rozsiahla ako je atmosféra Zeme, vyznačuje sa určitou cirkuláciou jednotlivých zložiek, ktoré ju tvoria. Vo veľkých výškach boli viackrát detekované oblaky triedy cirrus. Prachové častice z povrchu sa vďaka prúdeniu vzduchu dostávajú do veľkých výšok. Vo výškach okolo 100 km nad povrchom sa okolo týchto častíc tvoria oblaky. Táto oblačnosť je však veľmi jemná a riedka. Z povrchu planéty je viditeľná len keď sa od nej odráža slnečné svetlo.

Obrázok: oblaky triedy cirrus na Marse. Rovnaká oblačnosť sa vyskytuje aj na Zemi.[13]

---

[13] NASA/JPL-Caltech

Povrch Marsu

Vnútorné planéty Slnečnej sústavy, medzi ktoré patria Merkúr, Venuša, Zem a Mars, nazývame aj terestriálne planéty. Je to z toho dôvodu, že povrch týchto planét je pevný, tvorený horninou. Povrch Marsu je na prvý pohľad jedinečný, nakoľko je už z veľkej vzdialenosti farebne odlišný. Planéta je červenkastej farby. Táto farba je spôsobená oxidmi železa.

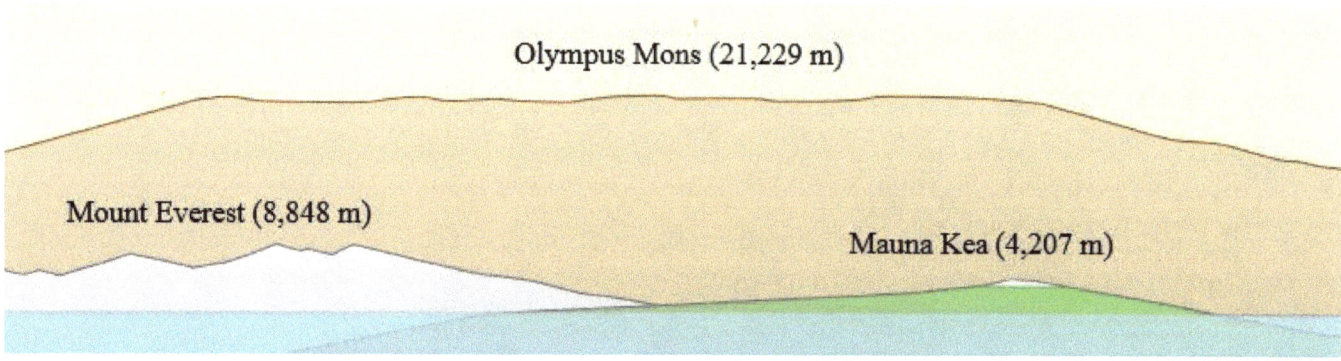

Názorná ukážku rozmerov vulkánu Olympus Mons na Marse a prirovnanie k pozemským pohoriam – k sopke Mauna Kea na Havajských ostrovoch (USA) a k najvyššej hore na planéte Zem – Mount Everest v Himalájach nám poskytne obrázok vyššie.[14]

---

[14] Z archívu autora tejto publikácie

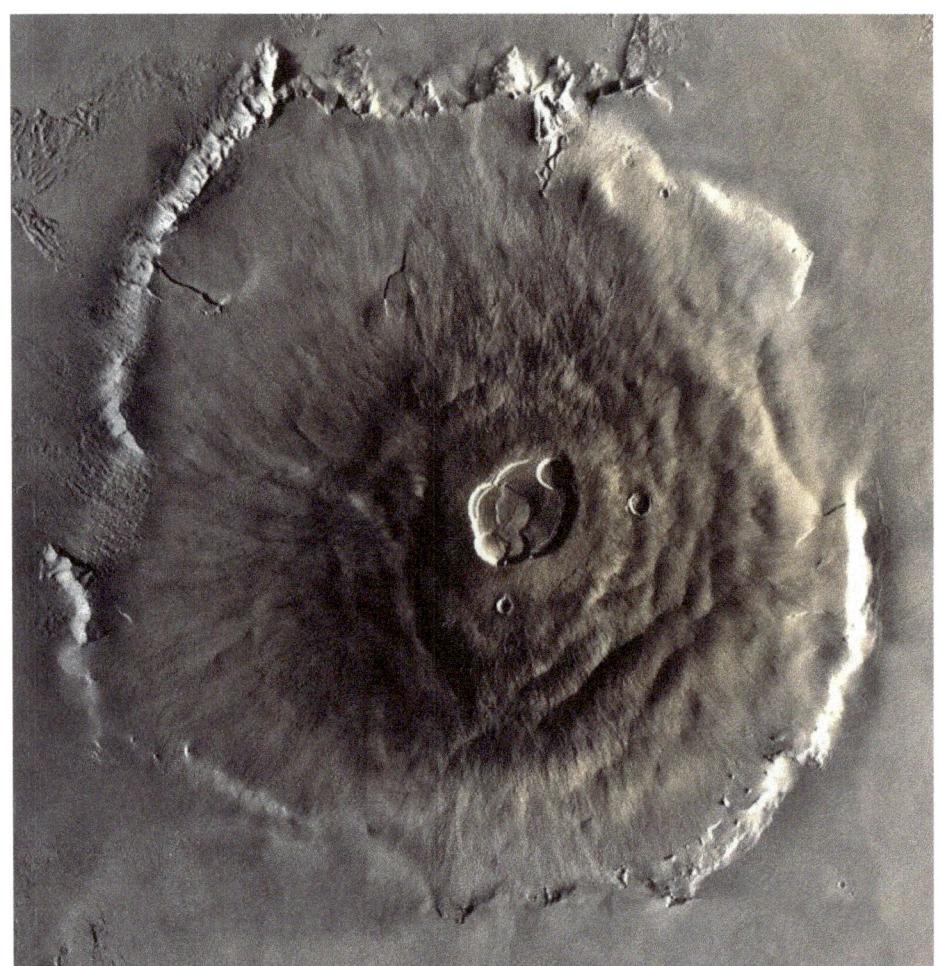

Samotná planéta má veľmi bohatú morfológiu. Nájdeme tu vysoké sopky, medzi ktoré patrí najvyššia sopka v Slnečnej sústave - Olympus Mons (výška takmer 22 km). Táto sopka nie je aktívna, rovnako ako všetky ostatné sopky na Marse.

Obrázok vľavo: neaktívna sopka Olympus Mons, zachytená orbitálnou sondou NASA.[15]

---

[15] NASA

Obrázok vyššie: útes, resp. okraj krátera Victoria, ako ju zachytila sonda NASA MER Opportunity. Všimnite si jedotlivé vrstvy hornín a skalné podložie. Taktiež je tu vidno stopy po zvetrávaní.[16]

---

[16] NASA/JPL-Caltech

Samotná planéta sa vyznačuje veľkou dichotómiou. Znamená to, že severná hemisféra planéty je pokrytá prevažne rozsiahlymi pláňami, ktoré sú vzhľadom na nultú referenčnú výšku položené oveľa nižšie, ako vysoko položená hornatá časť južnej hemisféry Marsu.

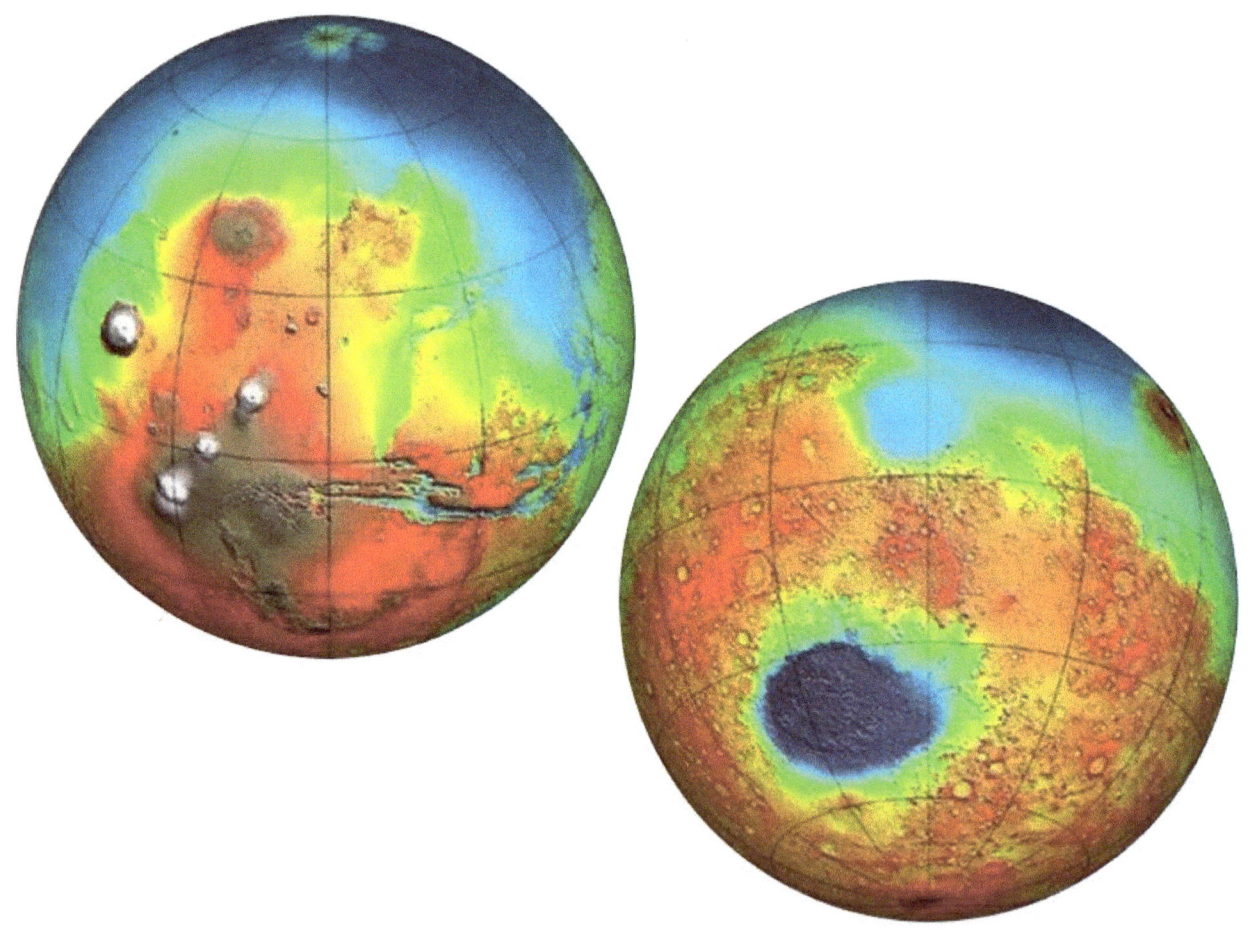

Obrázok vyššie: Morfológia Marsu – výškové profily povrchu, pomocou laserového merania.[17]

_____

[17] Experiment MOLA; NASA/JPL-Caltech

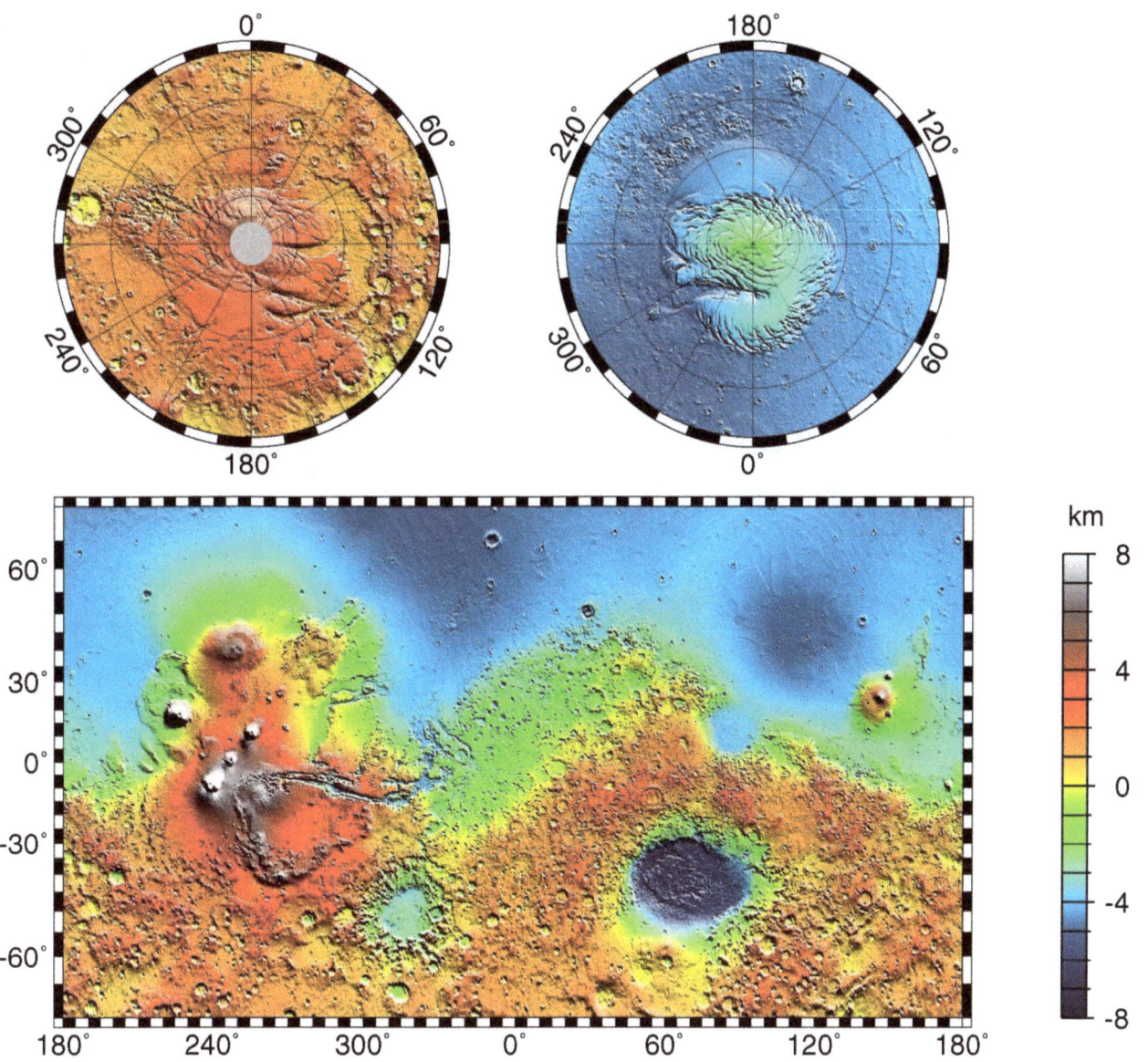

Obrázok: morfologická mapa Marsu. Na spodnej mape si všimnite rozdiel medzi severnou časťou planéty, pokrytou zväčša nížinami a rozľahlými pláňami a južnou časťou planéty pokrytou výraznejším reliéfom (pohoria, kaňony, krátery).[18]

18 USGS, NASA

Ako asi vyzeral Mars v minulosti

Na základe výsledkov doterajšieho výskumu vieme s určitosťou potvrdiť, že na Marse v minulosti existovala voda. Mars ako planéta však nemá také planetárne charakteristiky ako Zem. Je preto možné, že jedným z hlavných dôvodov radikálnych zmien na planéte bolo napríklad chýbajúce globálne magnetické pole, ktoré planétu chráni pred kozmickým žiarením, ale aj pred samotným Slnkom. Pretože pôsobením slnečného vetra mohlo naozaj dôjsť k vážnemu narušeniu horných vrstiev atmosféry a následnému postupnému strhávaniu jednotlivých častí do okolitého vesmírneho priestoru. Týmto výskumom sa momentálne zaoberá misia sondy MAVEN.

Obrázok vyššie: postupná premena planéty Mars z planéty pokrutej vodou na planétu ako ju poznáme dnes.[19]

Ďalšia misia na Mars

Mars je planétou, ku ktorej už smeroval veľký počet misií v rámci technologického planetárneho výskumu, ale súčasne planéta, ktorá nám doteraz neodhalila niektoré svoje tajomstvá. Jedna z posledných najvýznamnejších misií k nej bola naplánovaná na 17. júla 2020.

---

[19] Science & Mars Journal, ISSN 2453-8760, MSL

Dalo by sa povedať, že v prípade Marsu ide o planétu, ktorej svet je tvorený mrazivými púšťami, s minimálnymi energetickými zdrojmi a dokonca nebezpečnými úrovňami kozmického žiarenia na jej povrchu. Napriek tomu nás táto planéta neustále viac a viac fascinuje a zaujíma. Čím to je? Odpoveď sa pre mnohých skrýva za vysetlením hľadania foriem života mimo našu vlastnú planétu Zem. Pre niektorých je Mars možno futuristickým útočiskom, kde vidia budúcnosť aspoň časti ľudstva.

Samozrejme, dôvodov výskumu Marsu (a iných planét), je viacero. Jedným z najprozaickejších je poznanie našej vlastnej minulosti, resp. zodpovedanie otázok „ako" a „prečo" sa Mars zmenil z planéty veľmi podobnej Zemi, na tú súčasnú. A v tomto ide ruka v ruke aj otázka existencie akýchkoľvek foriem života na Marse nielen v súčasnosti, ale čo je možno ešte dôležitejšie – v jej minulosti. Pretože z dlhodobého planetárneho vývoja a z vývoja samotnej Slnečnej sústavy sa mení aj naša Zem. Aj keď my ľudia svojou činnosťou prispievame v určitom smere k tomuto vývoju (klíma), veľkú časť zmien neovplyvníme a je jasné, že v budúcnosti sa naša planéta určite zmení - a to dosť radikálne.

Obrázok vyššie: Mars predtým (vpravo) a v súčasnosti (vľavo). Predpokladáme, že Mars sa podobal v dávnej minulosti Zemi tak ako ju poznáme dnes. Prečo došlo k jeho výraznej zmene, je v súčasnosti jedným z hlavných predmetov skúmania.[20]

Nebudem však strašiť, z pohľadu bežného človeka ide o veľmi dlhú dobu, aj keď časové horizonty planetárnych vedcov a geológov sú v tomto ohľade možno nie až také dlhé. A preto sa zaujímame aj o Mars. Aby sme spoznali našu planetárnu minulosť a aby sme spoznali možno aj náš planetárny osud. Zistíme pri tom aj to, či na Marse existuje, alebo existoval život v akejkoľvek forme niekedy v minulosti. Štúdium podmienok a samotný

---

[20] Misia MAVEN, grafická vzualizácia, NASA's Goddard Space Flight Center

výskum v tomto smere nie je oblasťou jednej exaktnej vednej disciplíny, ale je multidisciplinárny – zahŕňajúci prírodné vedy a technológie.

Samozrejme najlepšie by bolo vyslať na Mars skupinu odborníkov s potrebným vybavením. Takéto riešenie je však s ohľadom na naše súčasné technologické možnosti stále nereálne. Preto je najvýhodnejšie a najpraktickejšie realizovať výskum Marsu technologickou cestou pomocou robotických misií.

Doterajšie misie k Marsu – či už orbitálne misie, alebo povrchové, vykonávajúce činnosť in-situ, čiže na mieste, nám poskytli obrovské množstvo informácií a dát. Naďalej však existujú nezodpovedané otázky z niektorých oblastí – potvrdenie existencie života v minulosti a vývoja geologických procesov.

Doterajšie zistenia, napríklad misie sondy MSL Curiosity, pomohli zodpovedať otázku, či bol Mars niekedy podobný Zemi, resp. či na jeho povrchu mohli existovať podmienky vhodné pre mikrobiálny život. Teraz už vieme, že áno, ale potrebujeme ísť ďalej a dozvedieť sa, či existoval mikrobiálny život v týchto podmienkach v minulosti. Na túto otázku by nám mala poskytnúť odpoveď nová robotická misia na Mars – misia Mars 2020.

Najdôležitejšou časťou tejto misie je povrchová mobilná sonda – rover s názvom „Perseverance"[21], ktorý sa na prvý pohľad veľmi podobá svojej „sestre" Curiosity[22], avšak disponuje novými pokročilejšími technológiami.

---

21 Preklad anglického slova „Perseverance" = vytrvalosť, pozn. autor
22 Preklad anglického slova „Curiosity" = zvedavosť, pozn. autor

Obrázok: Perseverance na Marse. Vizualizácia pred misiou.[23]

Rover Perseverance disponuje aj prvým lietajúcim prostriedkom na Marse – vrtuľovým dronom, ktorý dostal názov „Ingenuity". Samotná misia bola ohlásená už v roku 2012 na stretnutí Americkej geofyzikálnej únie v San Franciscu, nakoľko dostala „zelenú" v rámci programu NASA Mars Exploration. Samotný štart misie bol naplánovaný na 17. júla 2020 pomocou nosnej rakety Atlas V541 z Cape Canaveral na Floride a pristátie na Marse v oblasti krátera Jezero následne vyšlo na 18. februára 2021. Samozrejme presný termín štartu nebol presne stanovený hneď, nakoľko sa mohol kedykoľvek zmeniť kvôli

---

23 NASA/JPL-Caltech

počasiu v mieste štartu. Preto bolo stanovené štartovacie okno v rozmedzí od 17.07.2020 do 05.08.2020.

Po pristátí bolo ako pri každej robotickej misii naplánované testovanie palubných systémov ich postupné „oživovanie" z letovej hibernácie a zahájenie samotnej výskumnej misie. Samotná misia je v podstate zaujímavá už svojím pristátím, ktoré bolo rovnaké, ako pri predošlej misii sondy MSL Curiosity v roku 2012. Mnohí nadšenci „osídlenia" Marsu si však neuvedomujú základné planetárne fakty ohľadne Marsu a preto sa mylne domnievajú, že na Marse sa dá pristávať „len tak", podobne ako na Zemi. Táto domnienka a samotná predstava je ale úplne nesprávna.

Atmosféra Marsu, jej hustota a jej hrúbka (výška od povrchu), je pri pristávaní s „ľahkými" sondami pomocou brzdenia padákovým systémom dostačujúca – aj keď aj v tomto prípade ide o veľmi tesné limity. V prípade ťažšej sondy (alebo pilotovaného modulu s ľudskou posádkou), však hustota atmosféry Marsu a jej samotná výška (hrúbka v profile, resp. vertikálny rozsah), určite nestačia. Pri začiatku pristátia sondy Perseverance, mala sonda (celá pristávajúca sústava) cestovnú rýchlosť 21 240 km/h (5 900 m/s), pričom vstup do atmosféry Marsu nastal vo výške 131 km nad povrchom (priemer od nulovej referenčnej výšky planéty). Pri pristávaní a brzdení napríklad len s padákovým systémom by takáto vzdialenosť a príliš riedka atmosféra Marsu jednoducho nestačili a misia by skončila stratou sondy.

Na druhej strane je taktiež mylná predstava pristávania na Marse systémom, ako pristávali lunárne moduly kedysi na Mesiaci. Mesiac nemá atmosféru, ktorá by spôsobovala trenie a gravitačná sila Mesiaca je násobne slabšia. Pri vstupe do atmosféry Marsu s využitím čisto samotného raketového brzdenia, by sme jednoducho o sondu prišli. Brzdenie čisto reakčným systémom, ako je raketový motor, by bolo v prípade planetárnej misie na Mars nereálne aj čisto z praktického hľadiska – jednoducho by sme potrebovali obrovské množstvo paliva, ktoré by súčasne zvýšilo hmotnosť celej pristávajúcej sústavy, čo by malo za následok potrebu ďalšieho paliva atď. Nehovoriac o tom, že toto palivo by sme tam museli dopraviť rovno so sondou, čo by nakoniec asi aj znemožnilo samotný štart zo Zeme.

Obrázok: Kombinovaný spôsob pristátia pomocou žeriavového systému.[24]

Z týchto dôvodov, bol pri misii Mars 2020 využitý kombinovaný spôsob pristávania – s niekoľkými fázami – vstup do atmosféry Marsu, brzdenie trením pri prechode hornými vrstvami atmosféry, odhodenie ochranného štítu, brzdenie hypersonickými padákmi, odhodenie padákov, prechod do krátkeho voľného pádu a následné okamžité brzdenie reakčným systémom viacerých menších raketových motorov tzv. „žeriavového

---

[24] NASA/JPL-Caltech

systému", spustenie samotnej sondy pomocou špeciálnych lán na povrch, odpálenie lán a odlet žeriavového systému do bezpečnej vzdialenosti. Tento systém bol preverený prvýkrát už pri pristávaní sondy Curiosity v roku 2012. Pristávací systém misie Mars 2020 mal však niektoré nové prvky oproti verzii použitej pri misii MSL Curiosity. Tento nový systém je plne automatický, nakoľko z dôvodu niekoľko desiatok minút trvajúcemu rádiovému prenosu medzi Marsom a Zemou a späť, nie je možné pristávanie riadiť a kontrolovať zo Zeme.

V kontrolnom centre NASA v JPL Caltech v Pasadene nakoniec vypukla radosť presne na sekundu presne. Samozrejme v tom čase bola už sonda (rover) Perseverance, bezpečne na povrchu Marsu. Aj to je jedným z dôkazov veľkosti dokonca aj nášho blízkeho vesmíru. Vždy keď sa pristáva na Marse, nám v podstate zostáva jediné a to len držať palce a trpezlivo čakať na prácu a spoľahlivosť technológií, ktoré sme my ľudia vytvorili.

Samotná misia sondy Perseverance na povrchu Marsu je naplánovaná v trvaní minimálne 1 rok (na Marse), čiže 687 pozemských dní. Je však viac ako pravdepodobné, že misia potrvá dlhšie a prinesie nám mnoho zaujímavých objavov a nových zistení.

Mars 2020

Na predchádzajúcich stránkach me sa pozreli na dôvody skúmania Marsu, opísali sme si, ako prebieha pristávanie v rámci misií ťažkých sond, ako je to aj v prípade misie NASA Mars 2020.

Teraz sa však pozrime na to podstatné – na jednotlivé časti misie, resp. na robotických "členov" posádky misie Mars 2020.

Misia NASA Mars 2020 pozostáva z troch jednotlivých komponentov, ktoré tvoria letovú sústavu. Samozrejme táto sústava ako taká nemá v podstate žiadny konkrétny cieľ v rámci vedeckého bádania. Jej úlohou je dopraviť k Marsu dva hlavné komponenty, ktorých úlohou je realizácia samotnej planetárnej misie. Ale pekne po poriadku.

Cruise Stage

Prvým komponentom misie je tzv. "cruise stage", teda tzv. "cestovný stupeň". Tento zabezpečuje samotnú dopravu na miesto určenia – tzv. medziplanetárny let, počas ktorého nielen chráni robotickú "posádku" vnútri, ale zabezpečuje aj samotnú navigáciu a spätnú komunikáciu s riadiacim strediskom na Zemi.

Na nasledujúcom obrázku môžme vidieť letovú konfiguráciu Mars 2020, tzv. "Cruise Stage" – tesne pred zložením.[25]

---

[25] NASA/JPL-Caltech

Navigáciu a určovanie presnej polohy na letovej trajektórii (heliocentrická transferová) realizuje pomocou špeciálnych senzorov detekujúcich neustálu polohu známych hviezd a Slnka a súvisiacu pozíciu cestovného stupňa voči tejto zistenej polohe.

Niekedy sa môže stať, že samotný cestovný stupeň (pokojne ho pre zjednodušenie vysvetlenia nazvime v tejto letovej fáze ako "kozmická loď") vybočí z presného kurzu. Letová fáza trvá niekoľko mesiacov a vzdialenosť, ktorú kozmická loď musí prekonať po presne stanovenej trajektórii je takmer 515 miliónov kilometrov. Preto prípadné vybočenie z kurzu (vychýlenie z trajektórie) nie je ničím nezvyčajným a počíta sa s ním. V tomto prípade nastupuje ďalšia funkcia cestovného stupňa a tou je schopnosť opráv kurzu – tzv. "korekčné manévre".

Pre tento účel má k dispozícii cestovný stupeň niekoľko hliníkových nádrží s hydrazínom (raketové palivo). Ich celková kapacita je 31 kilogramov, preto majú kontrolóri misie v riadiacom centre možnosť vykonať korekciu kurzu len šesťkrát v priebehu celého letu k Marsu. Cestovný stupeň má ešte jednu ďalšiu nezastupiteľnú úlohu a tou sú jeho palubné kontrolné systémy, ktoré zabezpečujú pravidelné kontroly celého systému vrátane systémov robotickej posádky – rovera a ďalších systémov na palube.

Cestovný stupeň disponuje dvoma samostatnými anténami, určenými na komunikáciu so Zemou. Samotná komunikácia nie je samozrejme priama, pretože poloha riadiaceho centra na Zemi sa voči kozmickej lodi mení a nie vždy je v priamej rádiovej viditeľnosti. Z tohto dôvodu sa využíva sieť veľkých pozemných rádiových antén, rozmiestnených po celej Zemi – tzv. "Deep Space Network". Takto je zabezpečený nepretržitý kontakt s misiou a vzdialená kontrola všetkých palubných systémov a potrebnej telemetrie (letových dát).

Antény systému "NASA Deep Space Network" sú rozmiestnené na Zemi vo vzdialenosti približne 120 stupňov na troch miestach – Goldstone v Kalifornskej púšti, neďaleko Madridu v španielsku a neďaleko Canberry, hlavného mesta Austrálie.

Obrázok vyššie: jedna z antén systému „Deep Space Network" JPL NASA.[26]

[26] NASA/JPL-Caltech

Rover Perseverance

Dostali sme sa k robotickej "posádke" misie Mars 2020. Prvou a najdôležitejšou časťou misie je samotný rover Perseverance spolu so systémom EDLS (Entry, Descent and Landing System, čiže systém vstupu do atmosféry, klesania a pristátia). Rover Perseverance sa na prvý pohľad podobá na svojho predchodcu Curiosity. Curiosity však nedisponovala niekoľkými technologickými vymoženosťami oproti jej mladšej "sestre" Perseverance.

Obrázok: Rover Perseverance v priestoroch JPL.[27]

---

[27] . NASA/JPL-Caltech

Napríklad na Curiosity sme sa "naučili" ako je asi najlepšie pri takto ťažkej mobilnej sonde vyrobiť tie správne systémy zabezpečujúce jej mobilitu po povrchu Marsu. Ide napríklad o kolesá. V prípade Curiosity sa celkom rýchlo opotrebovávali a doteraz dochádza k ich poškodeniu. Perseverance ich má teda iné. Ich materiál bol zmenený, boli pridané vrstvy titánu a taktiež ich rozmer sa zmenil.

Obrázok: MSL Curiosity a poškodenie jedného z kolies.[28]

---

[28] NASA/JPL-Caltech

Na palube má rover Perseverance celkom sedem vedeckých prístrojov, 23 kamier a dva špeciálne mikrofóny. Hmotnosť Perseverance je 1025 kg, čo je viac oproti Curiosity, ktorej hmotnosť je 899 kg. Energiu nebude Perseverance získavať pomocou solárnych článkov, ale rovnako ako Curiosity, bude využívať nukleárny zdroj energie – palubný rádioizotopový termoelektrický generátor používajúci ako zdroj 4,8 kilogramu plutónia (oxid plutoničitý). Perseverance bude mať na svojej palube taktiež novinku – bude zbierať vzorky regolitu (pôdy na Marse), ktoré bude ukladať do návratových kapsúl. Je predpokladom (skôr plánom), že tieto budú neskôr inou robotickou misiou NASA vyzdvihnuté a doručené na Zem. Jednou z najnovších technologických vychytávok je samostatný lietajúci vrtuľový dron Ingenuity[29].

Ingenuity

Tento systém je naším ďalším robotickým členom posádky. Ako som spomenul v predchádzajúcom odstavci, ide o samostatný lietajúci vrtuľový dron. Tento prvý "Marťanský" vrtuľník je v podstate technologickým testovacím zariadením, pomocou ktorého zistíme možnosti využitia lietajúcich sond a iných technologických zariadení na Marse pre jeho budúce skúmanie. Atmosféra Marsu sa totiž oproti tej pozemskej zásadne líši najme svojou hustotou, atmosférickým tlakom a samozrejme aj zložením.

Bude preto veľmi zaujímavé zhodnotiť výsledky tohto technologického experimentu. Samotné predpokladané letové schopnosti tohto zariadenia sú limitované: maximálna výška letu 5 m (nad povrchom), maximálna letová rýchlosť 10 m/s (horizontálna) a 3 m/s (vertikálna), dolet 300 m, možný čas letu je 90 sekúnd denne.

Samotná prevádzka je odhadovaná na 1 alebo viac letov v rámci 30 dní. Energeticky bude toto zariadenie zásobované solárnym článkom a palubnými elektrickými

---

[29] Ingenuity, preklad do slovenčiny je „Vynaliezavosť", pozn. autor

článkami. Bude disponovať rôznymi senzormi a palubnou kamerou, ktorá by mala umožniť preskúmanie okolitého terénu z výšky.

Obrázok: Ingenuity v zloženom stave. Podrobnejšie sa na toto zariadenie pozrieme v budúcich príspevkoch.[30]

Takmer každá robotická misia NASA má na palube niekoľko pamäťových prvkov s nahratými menami dobrovoľníkov z radov ľudí. Má ich na svojej palube aj Perseverance.

---

[30] NASA/JPL-Caltech

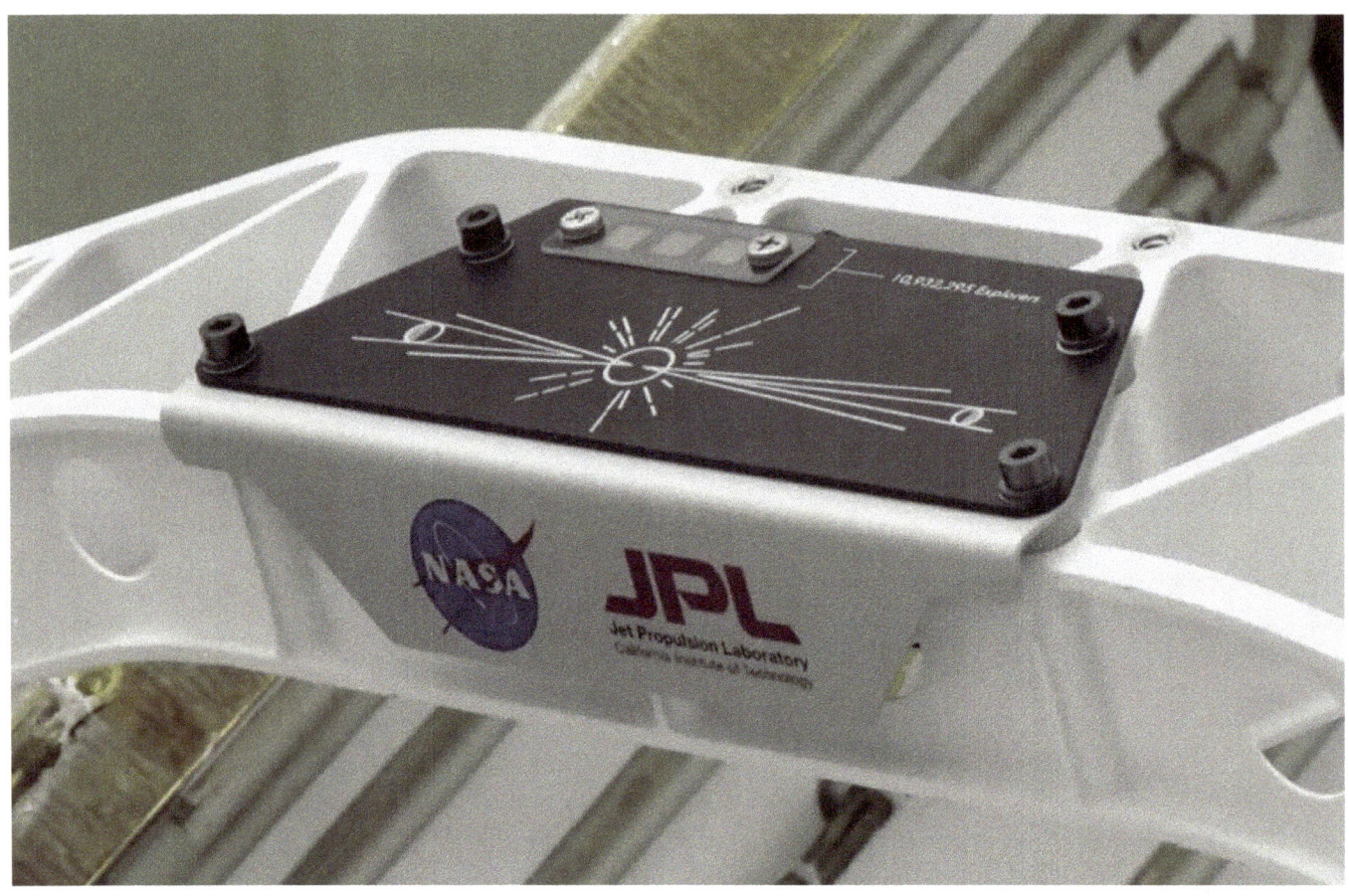

Obrázok: Mená dobrovoľníkov sú nahraté na týchto médiách.[31]

Dnešná doba poznačená globálnou pandémiou sa odzrkadlila aj na misii Mars 2020. Na palube Perseverance ja pripevnená plaketa na počesť všetkých zdravotníkov a tých, ktorí pomohli pri zvládaní pandémie.

---

[31] NASA/JPL-Caltech

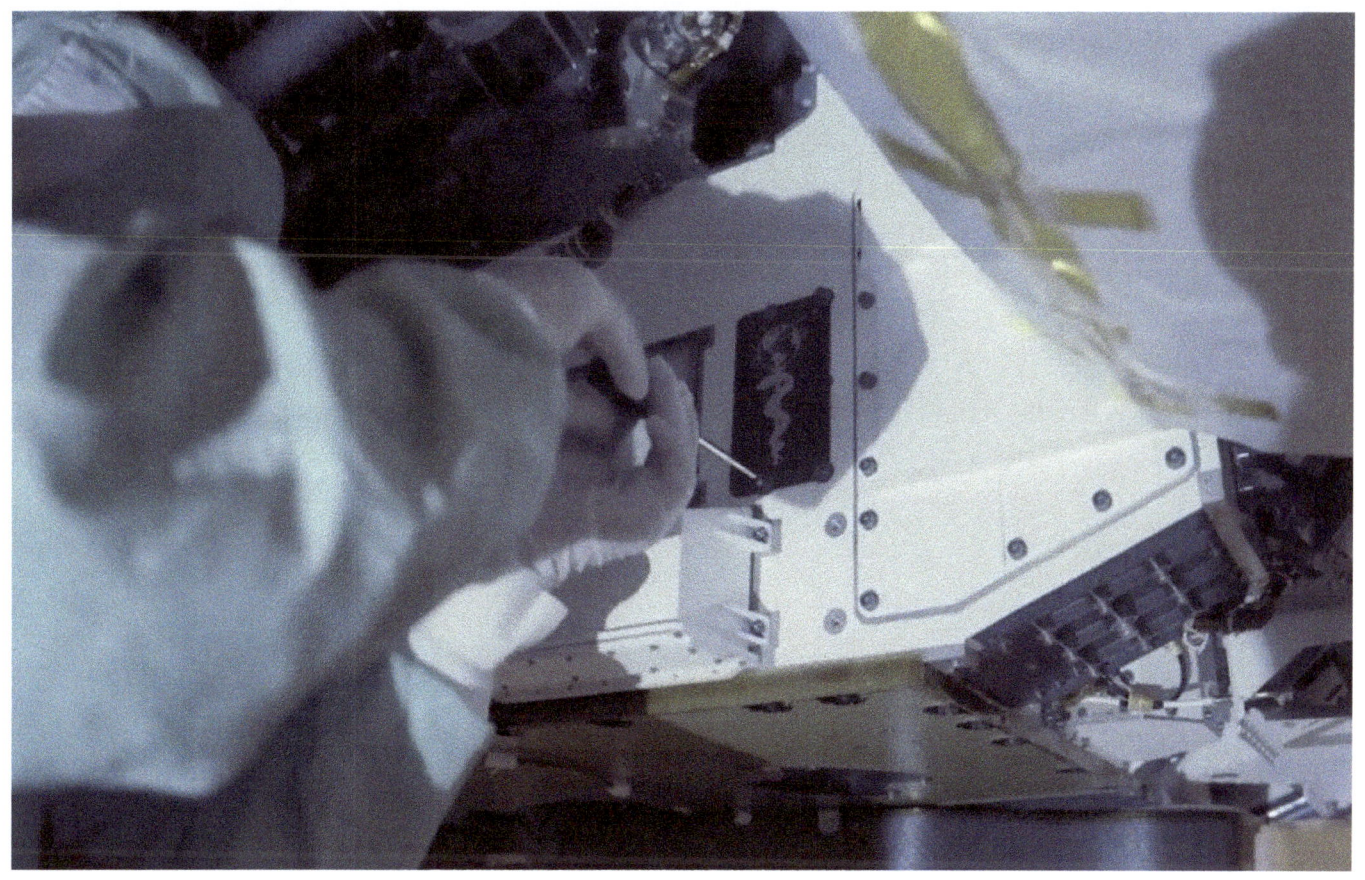

Obrázok: Plaketa na palube rovera Perseverance ohľadne pandémie.[32]

---

[32] NASA/JPL-Caltech

Perseverance a jej prvé "zvuky" z vesmíru

Počas svojej cesty k Marsu nahrala sonda NASA Perseverance zvuky pomocou palubných mikrofónov.[33] Aj keď vo vesmíre – resp. v medziplanetárnom priestore – nie je vzduch, ktorým by sa zvuk dokázal prenášať, ide predsa len o zvukovú nahrávku jedného z palubných mikrofónov. Pre samotné upresnenie záznamu je nevyhnutné pripomenúť, že v podstate nejde o zvuk, ako by sme ho počuli v pozemských podmienkach, ale o záznam mechanických vibrácií.

---

[33] Zvuky si môžte vypočuť na web stránke https://soundcloud.com/nasa prípadne na adrese https://www.jozefkozar.com/blog/2020/11/18/prve-zvuky-misie-perseverance/

Obrázok: Umiestnenie mikrofónu systému EDL na palube sondy (rovera) Perseverance.[34]

Rover Perseverance má na palube dva mikrofóny. Jeden je určený pre snímanie zvukovej stopy pri používaní laseru pri použití prístroja SuperCam a druhý mikrofón je určený pre záznam zvuku počas procesu pristávania - teda vstupu do atmosféry Marsu,

[34] NASA/JPL-Caltech

zostupu atmosférou a samotného pristátia na povrchu (v planetárnych misiách označujeme tento proces skratkou EDL, z anglického názvu "entry, descent, landing"). Nahrávka takéhoto záznamu by bola zaujímavou pre neskoršiu analýzu a samozrejme povedzme si pravdu – aj pre možnosť tak trochu "pocítiť na vlastnej koži (alebo na vlastných ušiach?)", ako je to pristávať na Marse.

Zvukový záznam počas letu k Marsu bol nahratý 19. októbra, počas automatizovaného testu kamerového a zvukového systému, ktorý bol neskôr využitý pri snímaní samotného pristátia na Marse vo februári 2021 v oblasti krátera Jezero. Samotný záznam má po spracovaní 60 sekúnd.[35]

Na zázname sú nahraté vibrácie obehového čerpadla systému pre udržiavanie prevádzkovej teploty rovera. Úlohou tohto systému je tepelná ochrana všetkých komponentov sondy pred extrémne nízkymi teplotami okolia. Kvapalina v systéme získava potrebnú teplotu z rádioizotopového termoelektrického generátora a následne je pomocou trubiek rozvádzaná cez všetky kritické súčasti rovera.

Perseverance – technické parametre

Štart	30. júla 2020, 11:50 UTC
Miesto štartu	Cape Canaveral Air Force Station, SLC-41, Florida, USA
Nosná raketa	Atlas V 541
Pristátie	18. februára 2021, 20:55 UTC
Miesto pristátia	Jezero (kráter)
Prevádzkovateľ	NASA/JPL-Caltech

---

[35] Zvuky si môžte vypočuť na adrese https://www.jozefkozar.com/blog/2020/11/18/prve-zvuky-misie-perseverance/ prípadne si ich môžte skúsiť nájsť aj na webe NASA a tiež na adrese https://soundcloud.com/nasa

Vývoj a výroba	Jet Propulsion Laboratory (JPL) Pasadena California
Druh planetárnej sondy	mobilná povrchová sonda (rover)
Názov misie	Mars 2020
Hmotnosť	1025 kg
Dĺžka	3 m
Šírka	2,7 m
Výška	2,2 m
Výkon	110 W
Zdroj energie	Rádioizotopový termoelektrický generátor – 4,8 kilogramu plutónia (oxid plutoničitý)
Palubné prístroje	<ul><li>EDL kamery</li><li>Hazcams</li><li>Mastcam-Z</li><li>MEDA</li><li>Microphones</li><li>MOXIE</li><li>Navcams</li><li>PIXL</li><li>RIMFAX</li><li>SHERLOC</li><li>SuperCam</li></ul>
Ciele misie	<ul><li>Zisťovanie obývateľnosti Marsu a identifikácia podmienok v minulosti, či boli tieto podmienky priaznivé pre existenciu mikrobiálneho života.</li></ul>

	<ul><li>Hľadanie biologických stôp – súčasných, alebo minulých.</li><li>Ukladanie vzoriek do špeciálnych kontajnerov (dóz) pre neskoršie doručenie na Zem (inou misiou NASA).</li><li>Testovanie produkcie kyslíka v atmosfére Marsu.</li></ul>

Na hornej časti rovera Perseverance je umiestnená plaketa s vyobrazením doterajších roverov NASA, ktoré sú na Marse (aktívne a aj neaktívne) – nasledujúci obrázok.[36]

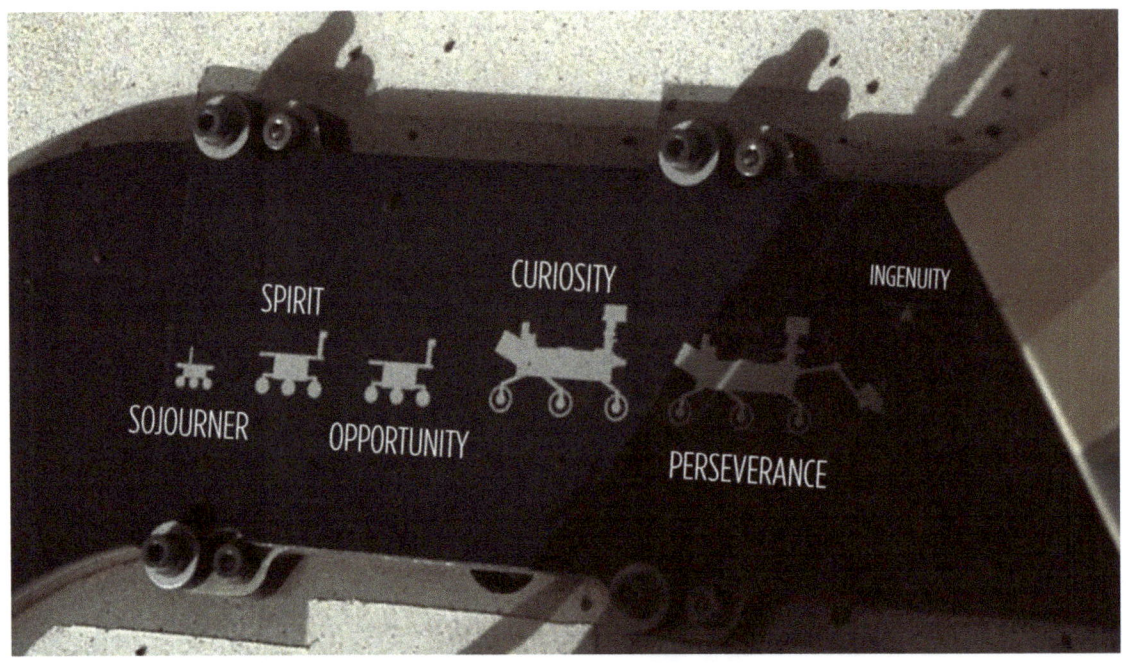

36 NASA/JPL-Caltech

Zobrazenie niektorých detailov na roveri Perseverance a porovnanie s roverom Curiosity:[37]

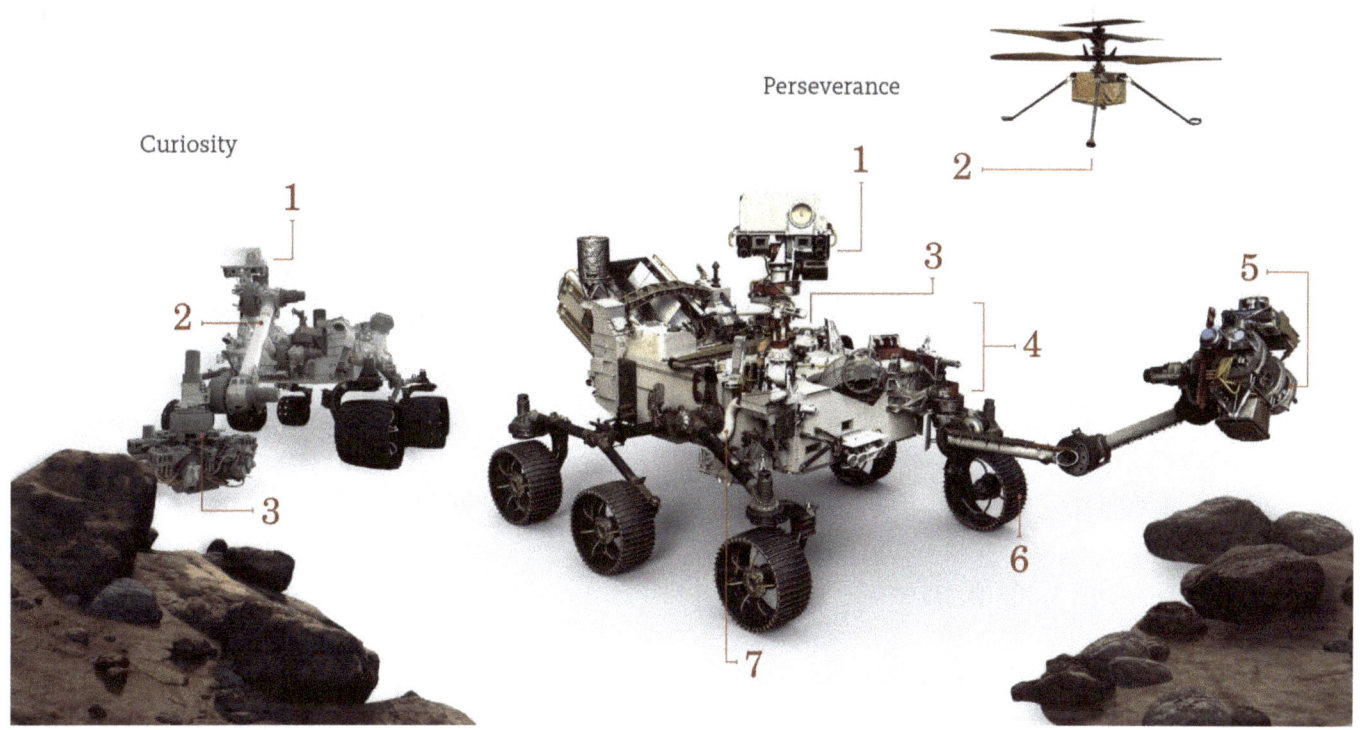

Curiosity:

1. Curiosity má 7 kamier, najdóležitejšími sú kamery MastCam.
2. Curiosity pomocou ramena zbiera vzorky a analyzuje ich vo svojom palubnom laboratóriu.
3. Medzi kľúčové objavy Curiosity patrí odhalenie dôkazov o starodávnych jazerách na Marse a zistenie chemických prvkov potrebných pre život, vrátane síry, dusíka, kyslíka, fosforu a uhlíka.

---

[37] Caltech, 08.02.2021, https://magazine.caltech.edu/post/mars-2020-evolution-of-a-rover

Perseverance:

1. Perseverance má 23 kamier, pričom hlavný zobrazovací prvok MastCam-Z disponuje možnosťou 3D snímania, snímania videa vo vysokom rozlíšení a taktiež dvoma mikrofónmi pre záznam zvukov počas pristávania a pre záznam zvuku vetra na Marse.
2. Na tele rovera Perseverance je pripevnený malý vrtuľový dron, ktorý otestuje možnosti lietania v atmosfére Marsu – prvý experiment svojho druhu na inej planéte ako Zem.
3. Dokonalejší „mozog" rovera Perseverance tvorený výkonnými procesormi, umožní do istej miery autonómne „rozhodovanie" sa rovera pri jeho skúmaní Marsu. Toto umožní zjednodušiť najmä navigáciu na Marse.
4. Telo rovera Perseverance je o 12 centimentrov dlhšie, ako telo rovera Curiosity. Taktiež hmotnosť je väčšia, celkovo 1025 kg oproti hmotnosti 899 kg pri sonde Curiosity.
5. Rameno sondy Perseverance má rovnaký dosah ako rameno Curiosity, avšak jeho hmotnosť je väčšia, pretože disponuje silnejším vŕtacím zariadením.
6. Kolesá Perseverance sú väčšie a užšie oproti Curiosity.
7. Špeciálny prístroj MOXIE o veľkosti autobatérie, s ktorého pomocou bude Perseverance generovať kyslík z atmosféry Marsu. Toto bude experiment, ktorý zistí, do akej miery je možné získať kyslík zo vzduchu na Marse.

Umiestnenie jednotlivých prístrojov na palube rovera Perseverance je znázornené na nasledujúcom obrázku.[38]

---

[38] NASA/JPL-Caltech

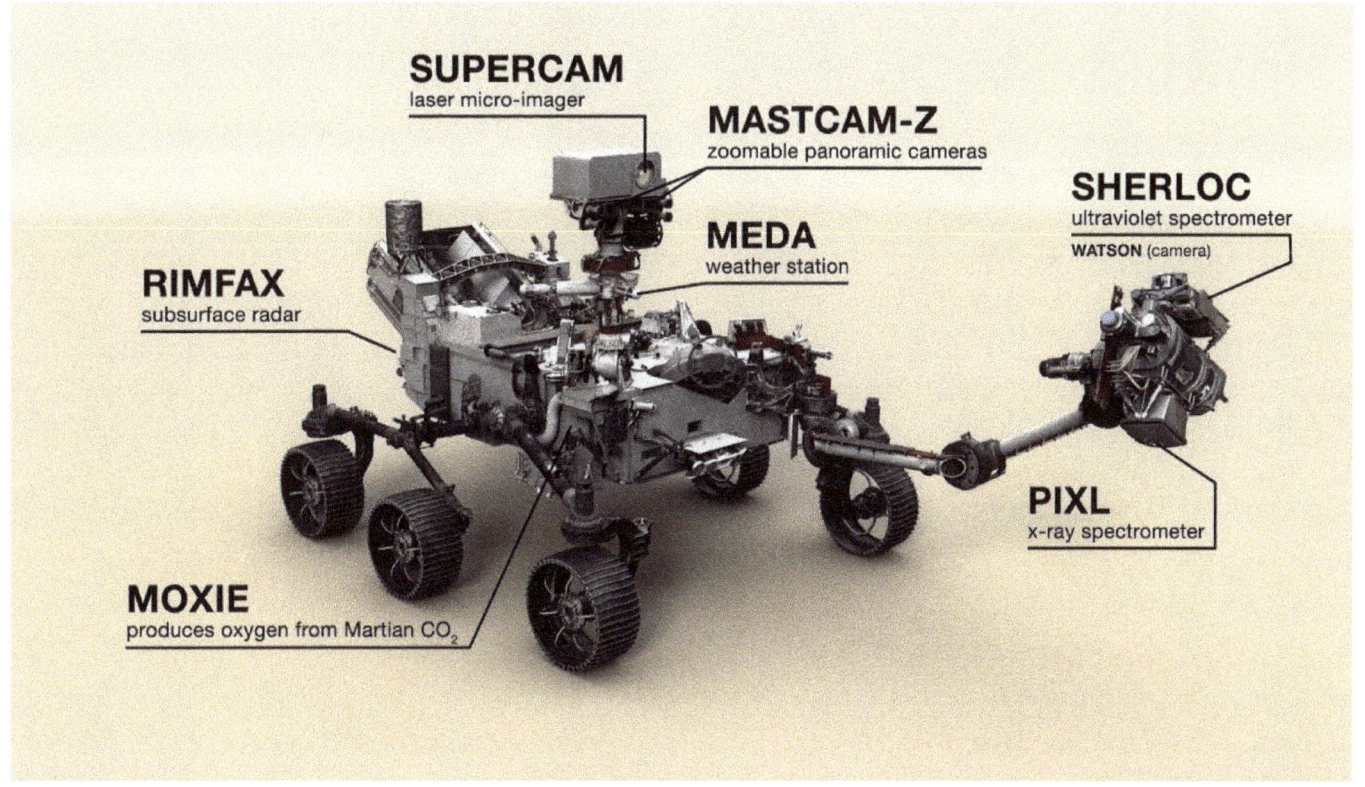

Popis a preklad do slovenčiny:

- PIXL – roentgenový spektrometer
- SHERLOC – ultrafialový spektrometer + kamera WATSON
- MEDA – meteorologická stanica
- MASTCAM-Z - panoramatické kamery so schopnosťou priblíženia (zoom)
- SUPERCAM – laserový mikro-snímací systém
- RIMFAX – podpovrchový radar
- MOXIE – systém na produkciu kyslíka z atmosférického oxidu uhličitého

Perseverance vo finále – pristátie na Marse

Po niekoľkomesačnej ceste k Marsu sa rover Perseverance dostal do finále. Dňa 18. februára 2021 nakoniec úspešne pristál na povrchu Marsu v oblasti krátera Jezero.

Očakávania boli veľké a aj nervozita v kontrolnej miestnosti pre pristávanie medziplanetárnych misií NASA v stredisku JPL v Pasadene. Všetci verili že to dopadne dobre, teda samozrejme za podmienky, že všetko prebehne tak, ako má. Planéta Mars dokáže totiž pripraviť nejedno prekvapenie na poslednú chvíľu, ako sa to neraz stalo aj v minulosti. Nehľadiac pri tom na samotnú technickú náročnosť pristátia na povrchu Marsu s nevyhnutne komplikovanou technológiou.

Podmienky pristátia Perseverance na Marse boli nasledovné:

Miesto pristátia: Jezero (kráter)

Počasie v mieste pristátia: teplota vzduchu pri povrchu v rozmedzí od -16 °C do -73 °C

Dĺžka dňa v mieste pristátia: 24 h 37 min

Časové oneskorenie v dobe pristávania (doba prenosu rádiového signálu medzi Zemou-Marsom): 11 min 22 sek

Posledná letová fáza EDL (z angl. "Entry, Descent, Landing" – vstup do atmosféry, klesanie, pristátie) prebehla nasledovne[39]:

---

[39] SEČ – Stredoeurópsky čas (zimný, štandardný), čiže svetový čas UTC+1

- Oddelenie cestovnej sekcie sondy: Sekcia, ktorá letela so sondou Perseverance zo Zeme počas doby šiestich mesiacov a dvoch týždňov, sa oddelila od pristávacej kapsuly o 21:38 SEČ.
- Vstup do atmosféry: Sonda začall vstupovať do horných vrstiev atmosféry Marsu pri rýchlosti 19 500 km/h v čase 21:48 SEČ.
- Najvyššie trenie: Trenie spôsobené vstupom do atmosféry zohrialo spodnú časť kapsuly na približne 1300 stupňov Celzia v čase 21:49 SEČ.
- Aktivovanie padákového systému: Sonda aktivovala a uvoľnila padákový systém v nadzvukovej rýchlosti v čase približne 21:52 SEČ.
- Oddelenie tepelného štítu: Ochranný tepelný štít na spodnej časti sondy (spodná časť kapsule) sa oddelila automaticky približne 20 sekúnd po aktivácii padákového systému. Následne sonda Perseverance aktivovala radarový systém, s pomocou ktorého zistila presnú vzdialenosť od povrchu v mieste pristátia. Následne sa zapol systém pre terénnu relatívnu navigáciu, pomocou ktorého sonda dosadla presne na určenom mieste.
- Oddelenie horného štítu na sonde (horná časť kapsuly): Horná časť sa oddelila v čase 21:45 SEČ. Následne sonda na svojej zostupovej sekcii aktivovala retrorakety, s pomocou ktorých spomalila rýchlosť klesania a odletela na presne určené miesto pristátia.
- Dosadnutie na povrch Marsu: Zostupová sekcia zastavila klesanie sondy v určenej výške nad povrchom Marsu a s pomocou lán uvoľnila samotnú sondu, ktorú jemne usadila na povrch pri rýchlosti nie vyššej, ako je normálna ľudská chôdza (okolo 2,7 km/h) v čase 21:55 SEČ.

Na povrchu Marsu bola sonda Perseverance po 7 minútach "strachu". Jej pristávanie bolo výnimočné aj z dôvodu, že išlo o prvé pristátie takto ťažkej sondy v histórii Marsu (predchádzajúca sonda Curiosity mala nižšiu hmotnosť). Video animáciu pristátia rovera Perseverance si môžte pozrieť aj na webe autora tejto publikácie.[40]

---

[40] https://www.jozefkozar.com/blog/2021/02/12/mars-perseverance-vo-finale-pristavame-na-marse/

Ako som už opísal v predchádzajúcich častiach tejto publikácie, pristátie na Marse so sondou o hmotnosti osobného automobilu, nie je vôbec porovnateľné s pristátím na povrchu Zeme, kde je oveľa hustejšia atmosféra s neporovnateľne väčšou hrúbkou (výška v profile od povrchu do výšky). Na Zemi by samotné brzdenie prebiehalo oveľa jednoduchšie a bol by dostatočný časový priestor na celé pristátie. Na Marse to tak nie je, vzduchový obal planéty – atmosféra – je oveľa redší a atmosférický profil je vo výške zdaleka tenší. Neposkytuje z toho dôvodu možnosti využitia technológií ako na Zemi. Mars však taktiež nie je ako napríklad náš Mesiac. Ako vieme, na Mesiaci nie je atmosféra (pokiaľ neberieme do úvahy stopové prvky vyskytujúce sa v určitej výške od jeho povrchu, ktoré sú v planetárnom výskume niekedy označované za „atmosféru"), teda nevieme využiť brzdenie padákovým systémom. Pri pristátí na Mesiaci je limitom samotná hmotnosť pristávajúcej sústavy a využíva sa preto výlučne brzdenie chemickým propulzným systémom – zjednodušene raketovým motorom s korekciami.

V prípade Marsu a sondy Perseverance išlo o kombináciu týchto dvoch systémov s pridaním posledného kroku nevyhnutného pre predídenie katastrofe – sonda bola na povrch Marsu v poslednej fáze „jemne položená" pomocou závesného lanového systému, tzv. „žeriavom".

Pri predstave tohto procesu nejednému technikovi nabehne husia koža na chrbte a automaticky preblesne reakcia v mozgu – „nie, to je šialené riziko pri tak veľkej a drahej sonde" – fakty však nepustia, iná cesta zatiaľ nie je. Okrem toho celý proces pristátia nie je možné sledovať priamo, pretože signál z Marsu na Zem putuje aj 20 minút (záleží od aktuálnej vzdialenosti oboch planét), preto v podstate keď vidíme v kontrolných systémoch, že sonda „práve" pristála, ona tam v podstate už spokojne nejakú tú chvíľu je.

Celé pristátie od začiatku vstupu do atmosféry Marsu až po pristátie, trvá približne 7 minút – povestných 7 minút strachu (z angl. „seven minutes of terror"). Takto pristávala na Marse aj sonda Curiosity v roku 2012, aj vtedy „trpla" celá komunita zúčastnených (a nebolo ich málo), ale o to bola väčšia radosť, ktorá následne prepukla nielen v Pasadene (sídlo riadiaceho centra v JPL, pozn. aut.). Nehovoriac o obrovskom množstve ľudí, sledujúcich a participujúcich online z celého sveta.

Medziplanetárne robotické misie NASA, aj keď sú misiami americkými, takmer vždy zahŕňajú medzinárodnú spoluprácu – či už technickú v rámci vývoja a testovania, alebo vedeckú v rámci samotného výskumu Marsu.

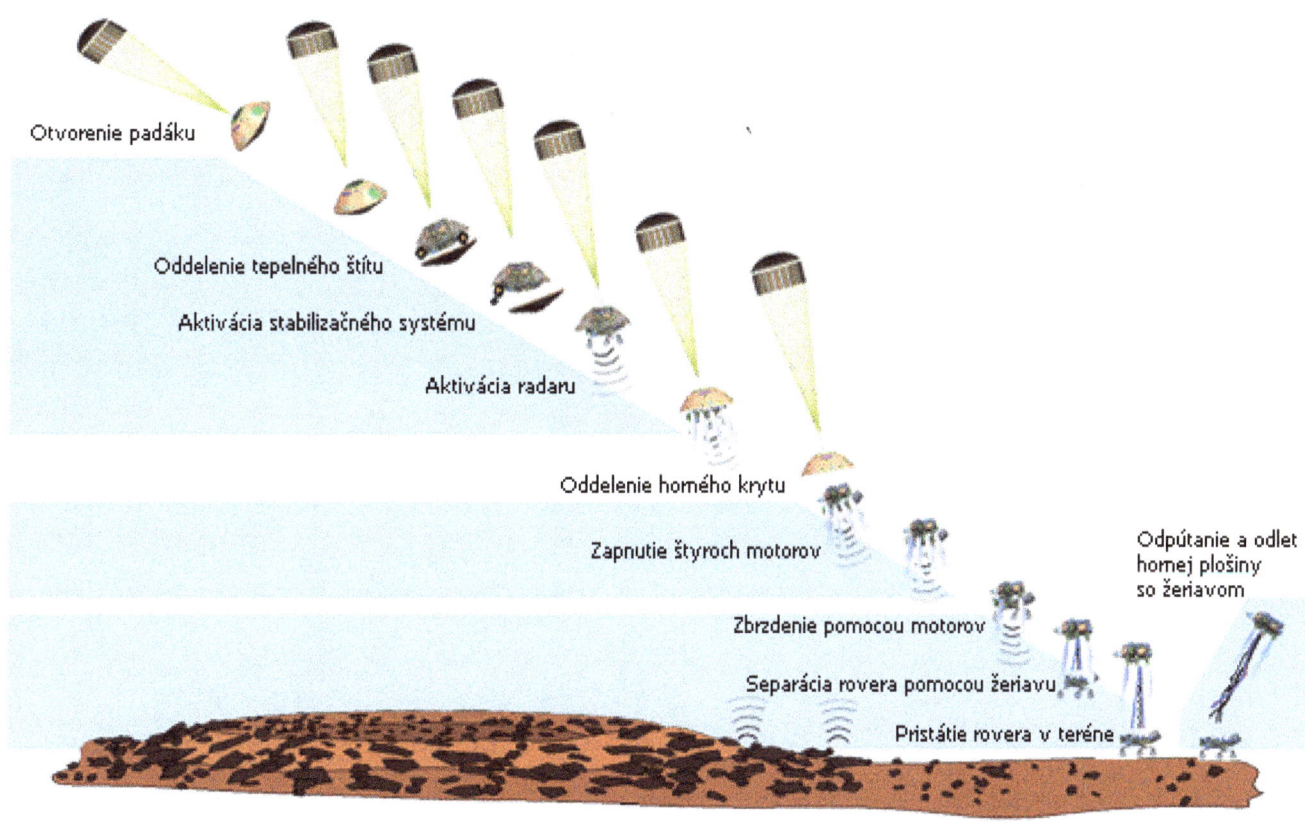

Obrázok: Diagram pristátia na Marse pre sondy s vysokou hmotnosťou (NASA Mars 2020 Perseverance, NASA MSL Curiosity).[41]

Len pre zaujímavosť. Počas pristávania na Marse je v JPL taká tradícia – všetci chrúmajú arašidy. Zatiaľ to *"záhadne"* pomohlo – len raz neboli arašidy na desku a misia nevyšla. Tak pokiaľ to pôjde, otvorte si nejaké arašidy aj vy počas každého pristávania na Marse, pokiaľ ho budete niekedy sledovať.

Obrázok: Arašidy v špeciálnej edícii Mars 2020 na stole v riadiacom stredisku JPL NASA v Pasadene v Californii počas pristávania misie Perseverance na Marse.[42]

Odporúčam pre čitateľa tejto publikácie – zaujímavá aplikácia NASA pre simuláciu pristátia rovera Perseverance na Marse je na adrese:[43]

https://eyes.nasa.gov/apps/mars2020/

---

41 Autor: Jozef Kozár (c)
42 Reprofoto, https://www.jozefkozar.com/blog/2021/02/22/perseverance-prve-snimky-a-video-z-pristatia/
43 Spomínaná web-aplikácia bola na webe NASA averejnená v roku 2020.

Perseverance: prvé snímky a video z pristátia

Po úspešnom pristátí Perseverance na Marse a po postupnej kontrole jednotlivých systémov, všetci nedočkavo čakali na prvé farebné snímky. Prvý snímok získaný hneď po prístátí[44]:

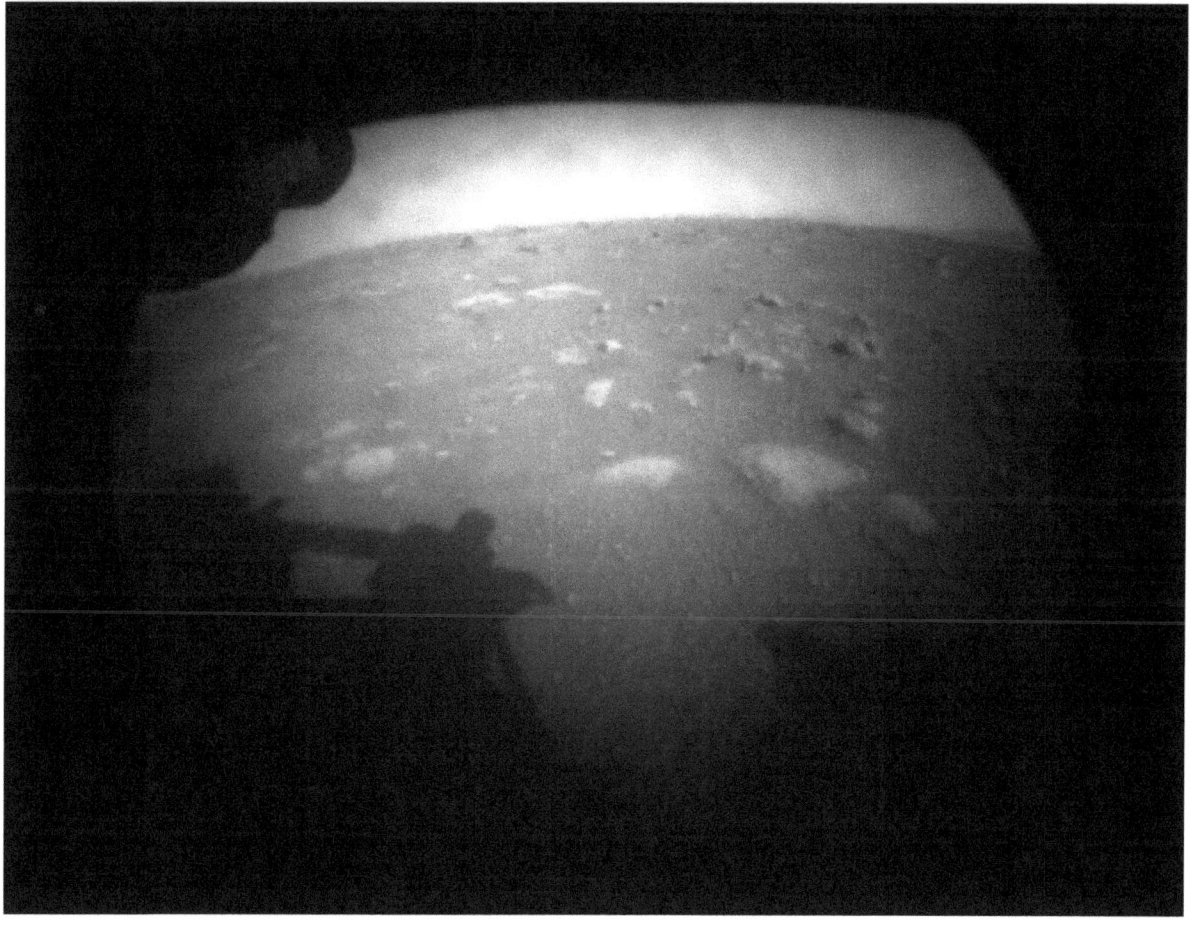

---

[44] NASA/JPL-Caltech

Snímok nie je ostrý, pretože navigačná kamera, ktorou bol snímok získaný, bola tesne po pristátí pokrytá vrstvou prachu.

Snímok vyššie je získaný už počas ďalšieho dňa kamerou umiestnenou na zadnej časti rovera Perseverance.[45]

---

[45] NASA/JPL-Caltech

Ďalšia fotografia zobrazuje sondu Perseverance ešte na lanách, tesne pred položením na povrch v mieste pristátia.[46]

---

[46] NASA/JPL-Caltech

Na čiernobielej fotografii vyššie vidno klesajúcu sondu Perseverance na supersonickom padáku. Zachytila ju orbitálna sonda MRO (NASA Mars Reconnaissance Orbiter).[47]

---

[47] NASA/JPL-Caltech

Snímok vyššie a nasledujúci snímok zobrazujú padák počas otvárania a následne otvorený padák počas klesania.[48]

---

[48] NASA/JPL-Caltech

Na nasledujúcej snímke[49] orbitálnej sondy MRO vidno identifikované jednotlivé časti pristávacej sekcie sondy Perseverance po samotnom pristátí. Tieto sa počas pristávacieho manévru automaticky v požadovanom čase oddelili a dopadli na povrch v bezpečnej vzdialenosti od samotnej sondy. Jednotlivé časti *(preklad)*: *"Parachute & Back Shell"* – padák a zadný kryt, *"Descent Stage"* – plošina s žeriavovým systémom a raketovými motormi, *"Perseverance"* – samotná sonda/rover Perseverance, *"Heat Shield"* – tepelný štít.

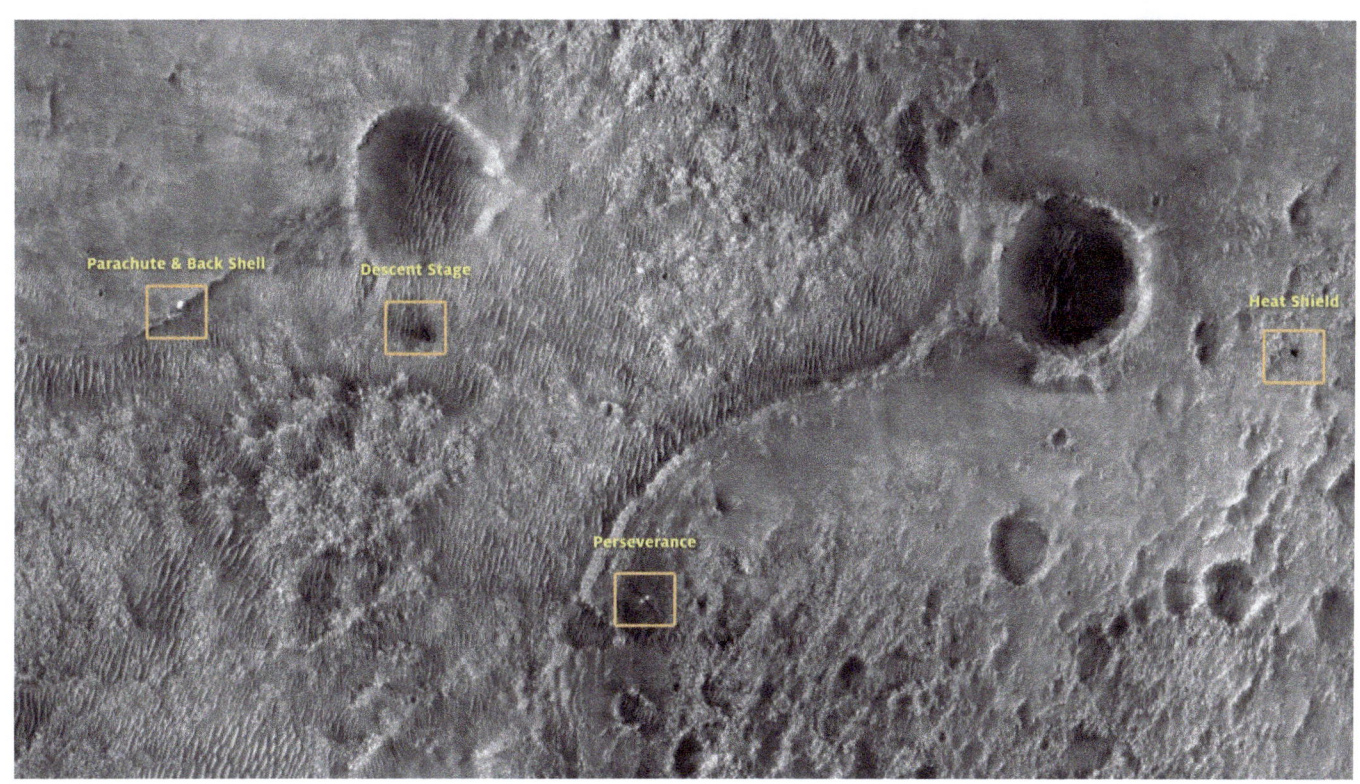

---

[49] NASA/Jpl-Caltech

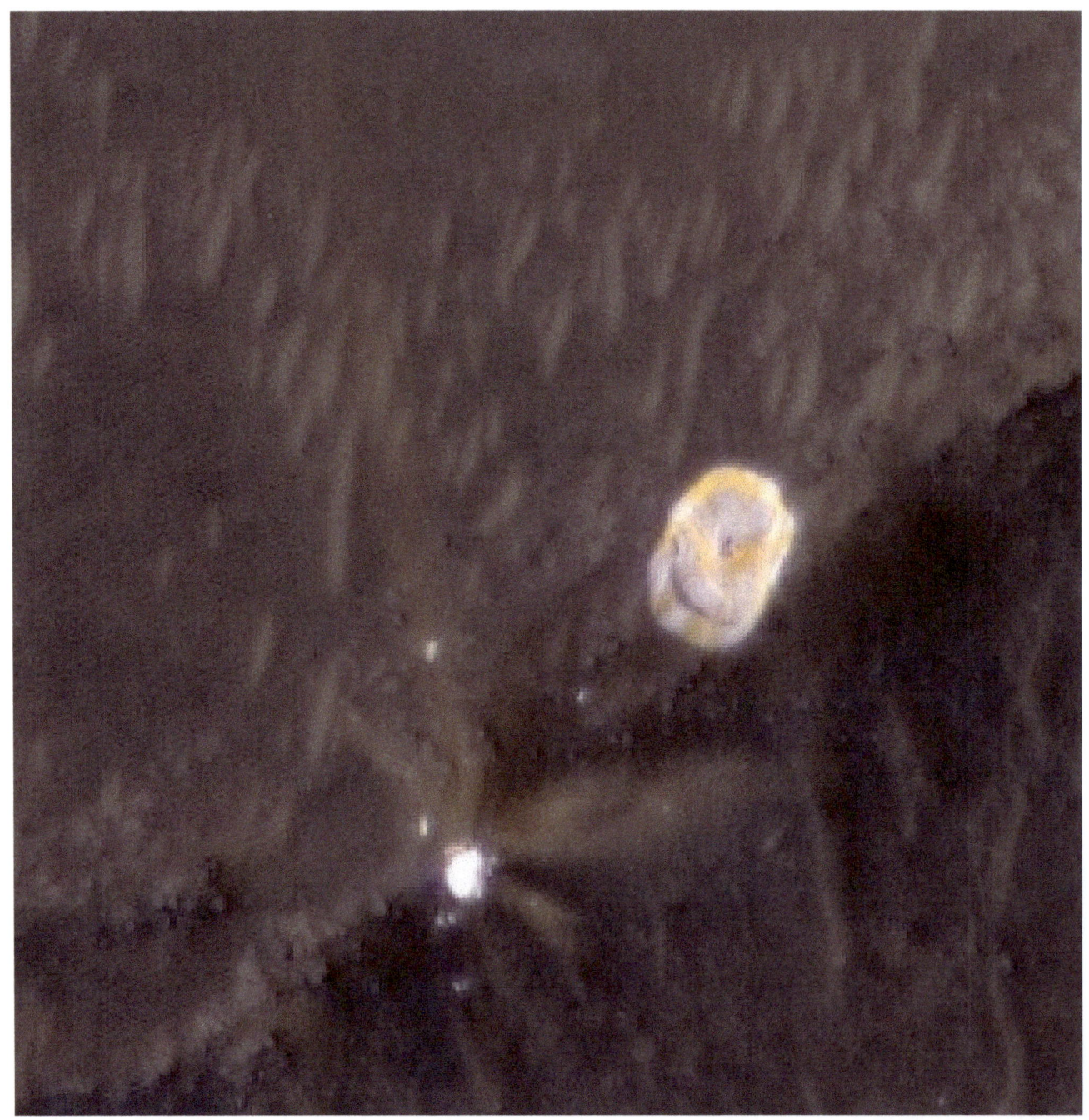

Zaujímavým je snímok na predchádzajúcej strane[50], na ktorom vidno samotný odhodený padák sondy Perseverance. Fotografia ja získaná orbitálnou sondou MRO.

---

[50] NASA/JPL-Caltech

Detailný záber jedného z kolies sondy Perseverance.[51] Kolesá Perseverance sa od kolies sondy Curiosity líšia vo viacerých detailoch. Tieto by mali vydržať podstatne viac, nakoľko pri misii sondy Curiosity sme videli viaceré poškodenia a opotrebenie.

---

[51] NASA/JPL-Caltech

Obrázok vyššie: Jeden z prvých farebných snímkov získaných sondou Perseverance.[52]

Dňa 22. februára 2021 bolo na tlačovej konferencii NASA k pristátiu sondy Perseverance uverejnené unikátne video zo samotného pristátia.

Video si môžte pozrieť na adrese:
https://www.youtube.com/watch?v=4czjS9h4Fpg

Video zachytáva pristávací manéver od odhodenia telepného štítu, až po samotné usadenie sondy na povrch Marsu presne v požadovanom mieste.

Počas pristávania sonda snímala aj zvuky, avšak dáta zvukového záznamu nakoniec neboli použiteľné. Napriek tomu sa podarilo zachytiť prvé jemné zvuky na Marse – slabé prúdenie zvuku a niektoré zvuky samotnej sondy a jej systémov. Zvuky si môžte vypočuť na webe NASA, prípadne na adresách uvedených v poznámke.[53]

---

[52] NASA/JPL-Caltech
[53] Zvuky si môžte vypočuť na tejto adrese https://soundcloud.com/nasa/first-sounds-from-mars-filters-out-rover-self-noise prípadne na vyššie uvedenej web stránke autora tejto publikácie

Zaujímavý je taktiež 360 stupňový snímok, prvý v rámci misie sondy Perseverance, ktorý si môžte prezrieť na adrese https://www.youtube.com/watch?v=wE-aQO9XD1g, respektíve taktiež na webe autora tejto publikácie.

Jedným z najfascinujúcejších obrázkov je však určite nasledujúca fotografia[54]. Je na nej vidno prvé stopy rovera Perseverance na planéte Mars. Keď si uvedomíme, že rover po čase bude na úplne inom mieste, nakoľko sa pohybuje, tieto stopy tam určitú dobu zostanú. Stopy, ktoré začínajú v mieste, kde nie je naozaj naokolo takmer nič, okrem nedotknutého sveta. Miesto začiatku nového poznania a súčasne kde si môžme s jemným humorom povedať, že *„tu niečo muselo padnúť z neba a zmizlo to tamtým smerom."*

---

[54] NASA/JPL-Caltech

Záver

Mars je planéta, na ktorej sme my ľudia ešte neboli. Pokiaľ nepočítame robotické misie, ktoré na Marse pracujú za nás, prípadne ktoré sú už neaktívne. Pre existenciu samotného ľudstva je veľmi dôležité skúmať Mars, pretože Mars je planéta veľmi podobná našej Zemi. Je to planéta, ktorá si pravdepodobne už stihla prejsť tým, čo možno našu Zem ešte len v ďalekej budúcnosti čaká. V každom prípade je však potrebné k výskumu Marsu pristupovať veľmi citlivo. My ľudia sme už stihli zdevastovať jednu planétu – našu Zem, stihli sme už na orbitu okolo našej Zeme vyniesť toľko satelitov a rôznej kozmickej techniky, že nás odpad z nej vzniknutý už reálne dokonca ohrozuje. A pokračujeme v tom ďalej – nadnárodné korporácie a jednotlivé štáty veľakrát ignorujú varovania vedcov. Pokiaľ niečo podobné má hroziť aj dosiaľ nedotknutému Marsu, je preto vhodné nechať jeho dobývanie radšej na robotické sondy. Samotná pilotovaná misia na Mars s ľudskou posádkou nie je technicky nemožná, je však otázka na mieste, či je ľudstvo na niečo takéto vôbec pripravené po svojej spoločenskej stránke a po stránke samotnej „dospelosti" a zodpovednosti. Táto téma je však témou úplne inou, budem sa ňou zaoberať v mojej ďalšej publikácii. Na záver prikladám obrázok, na ktorom je planéta Mars v podobe, ako vyzerala keď ju pokrývali pravdepodobné oceány v minulosti.[55]

---

[55] Wikipedia contributors, "Terraforming," Wikipedia, The Free Encyclopedia, https://en.wikipedia.org/w/index.php?title=Terraforming&oldid=760552812 (accessed January 17, 2017).

NASA, JPL – License

For use of NASA images in books, clearances may be necessary for images that include any NASA logos or NASA employees to be used as cover art or in promotional content. Otherwise, NASA imagery can be generally used editorially within published works that are not promotional in nature.

JPL Image Use Policy

Unless otherwise noted, images and video on JPL public web sites (public sites ending with a jpl.nasa.gov address) may be used for any purpose without prior permission, subject to the special cases noted below. Publishers who wish to have authorization may print this page and retain it for their records; JPL does not issue image permissions on an image by image basis.

By electing to download the material from this web site the user agrees:

that Caltech makes no representations or warranties with respect to ownership of copyrights in the images, and does not represent others who may claim to be authors or owners of copyright of any of the images, and makes no warranties as to the quality of the images. Caltech shall not be responsible for any loss or expenses resulting from the use of the images, and you release and hold Caltech harmless from all liability arising from such use.

to use a credit line in connection with images. Unless otherwise noted in the caption information for an image, the credit line should be "Courtesy NASA/JPL-Caltech."

that the endorsement of any product or service by Caltech, JPL or NASA must not be claimed or implied.

Special Cases:

* Prior written approval must be obtained to use the NASA insignia logo (the blue "meatball" insignia), the NASA logotype (the red "worm" logo) and the NASA seal.

These images may not be used by persons who are not NASA employees or on products (including Web pages) that are not NASA sponsored. In addition, no image may be used to explicitly or implicitly suggest endorsement by NASA, JPL or Caltech of commercial goods or services. Requests to use NASA logos may be directed to Bert Ulrich, Public Services Division, NASA Headquarters, Code POS, Washington, DC 20546, telephone (202) 358-1713, fax (202) 358-4331, email bert.ulrich@hq.nasa.gov.

* Prior written approval must be obtained to use the JPL logo (stylized JPL letters in red or other colors). Requests to use the JPL logo may be directed to the Institutional Communications Office, email instcomm@jpl.nasa.gov.

* If an image includes an identifiable person, using the image for commercial purposes may infringe that person's right of privacy or publicity, and permission should be obtained from the person. NASA and JPL generally do not permit likenesses of current employees to appear on commercial products. For more information, consult the NASA and JPL points of contact listed above.

* JPL/Caltech contractors and vendors who wish to use JPL images in advertising or public relation materials should direct requests to the Institutional Communications Office, email instcomm@jpl.nasa.gov.

* Some image and video materials on JPL public web sites are owned by organizations other than JPL or NASA. These owners have agreed to make their images and video available for journalistic, educational and personal uses, but restrictions are placed on commercial uses. To obtain permission for commercial use, contact the copyright owner listed in each image caption. Ownership of images and video by parties other than JPL and NASA is noted in the caption material with each image.

MARS

PERSEVERANCE

-

PRÍBEH VYTRVALOSTI

Dr Jozef Kozár

USA 2021

www.jozefkozar.com

© Jozef Kozár

First edition.

ISBN 978-1-6780-7909-3